中华复兴之光
万里锦绣河山

多种天然生态

冯 欢 主编

汕頭大學出版社

图书在版编目（CIP）数据

多种天然生态 / 冯欢主编. -- 汕头 ： 汕头大学出
版社，2016.1（2023.8重印）
　　（万里锦绣河山）
　　ISBN 978-7-5658-2381-7

　　Ⅰ．①多… Ⅱ．①冯… Ⅲ．①生态环境－介绍－中国
Ⅳ．①X321.2

中国版本图书馆CIP数据核字(2016)第015597号

多种天然生态　　DUOZHONG TIANRAN SHENGTAI

主　　编：冯　欢
责任编辑：汪艳蕾
责任技编：黄东生
封面设计：大华文苑
出版发行：汕头大学出版社
　　　　　广东省汕头市大学路243号汕头大学校园内　邮政编码：515063
电　　话：0754-82904613
印　　刷：三河市嵩川印刷有限公司
开　　本：690mm×960mm　1/16
印　　张：8
字　　数：98千字
版　　次：2016年1月第1版
印　　次：2023年8月第4次印刷
定　　价：39.80元
ISBN 978-7-5658-2381-7

前　言

党的十八大报告指出："把生态文明建设放在突出地位，融入经济建设、政治建设、文化建设、社会建设各方面和全过程，努力建设美丽中国，实现中华民族永续发展。"

可见，美丽中国，是环境之美、时代之美、生活之美、社会之美、百姓之美的总和。生态文明与美丽中国紧密相连，建设美丽中国，其核心就是要按照生态文明要求，通过生态、经济、政治、文化以及社会建设，实现生态良好、经济繁荣、政治和谐以及人民幸福。

悠久的中华文明历史，从来就蕴含着深刻的发展智慧，其中一个重要特征就是强调人与自然的和谐统一，就是把我们人类看作自然世界的和谐组成部分。在新的时期，我们提出尊重自然、顺应自然、保护自然，这是对中华文明的大力弘扬，我们要用勤劳智慧的双手建设美丽中国，实现我们民族永续发展的中国梦想。

因此，美丽中国不仅表现在江山如此多娇方面，更表现在丰富的大美文化内涵方面。中华大地孕育了中华文化，中华文化是中华大地之魂，二者完美地结合，铸就了真正的美丽中国。中华文化源远流长，滚滚黄河、滔滔长江，是最直接的源头。这两大文化浪涛经过千百年冲刷洗礼和不断交流、融合以及沉淀，最终形成了求同存异、兼收并蓄的最辉煌最灿烂的中华文明。

五千年来，薪火相传，一脉相承，伟大的中华文化是世界上唯一绵延不绝而从没中断的古老文化，并始终充满了生机与活力，其根本的原因在于具有强大的包容性和广博性，并充分展现了顽强的生命力和神奇的文化奇观。中华文化的力量，已经深深熔铸到我们的生命力、创造力和凝聚力中，是我们民族的基因。中华民族的精神，也已深深植根于绵延数千年的优秀文化传统之中，是我们的根和魂。

中国文化博大精深，是中华各族人民五千年来创造、传承下来的物质文明和精神文明的总和，其内容包罗万象，浩若星汉，具有很强文化纵深，蕴含丰富宝藏。传承和弘扬优秀民族文化传统，保护民族文化遗产，建设更加优秀的新的中华文化，这是建设美丽中国的根本。

总之，要建设美丽的中国，实现中华文化伟大复兴，首先要站在传统文化前沿，薪火相传，一脉相承，宏扬和发展五千年来优秀的、光明的、先进的、科学的、文明的和自豪的文化，融合古今中外一切文化精华，构建具有中国特色的现代民族文化，向世界和未来展示中华民族的文化力量、文化价值与文化风采，让美丽中国更加辉煌出彩。

为此，在有关部门和专家指导下，我们收集整理了大量古今资料和最新研究成果，特别编撰了本套大型丛书。主要包括万里锦绣河山、悠久文明历史、独特地域风采、深厚建筑古蕴、名胜古迹奇观、珍贵物宝天华、博大精深汉语、千秋辉煌美术、绝美歌舞戏剧、淳朴民风习俗等，充分显示了美丽中国的中华民族厚重文化底蕴和强大民族凝聚力，具有极强系统性、广博性和规模性。

本套丛书唯美展现，美不胜收，语言通俗，图文并茂，形象直观，古风古雅，具有很强可读性、欣赏性和知识性，能够让广大读者全面感受到美丽中国丰富内涵的方方面面，能够增强民族自尊心和文化自豪感，并能很好继承和弘扬中华文化，创造未来中国特色的先进民族文化，引领中华民族走向伟大复兴，实现建设美丽中国的伟大梦想。

目 录

西部自然保护区

北方自然保护区

西部自然保护区

　　我国西部地域辽阔，地理条件复杂多样，地势从世界屋脊下落到低海拔平原，气候垂直分布明显，地貌包括几乎所有类型，动植物资源丰富多彩，类型完整。保护西部自然，就是保护我们的美丽山河。

　　我国西部天然生态保护区主要有三江源保护区、可可西里保护区、白水河保护区、若尔盖湿地保护区、沙坡头保护区和兴隆山自然保护区等。

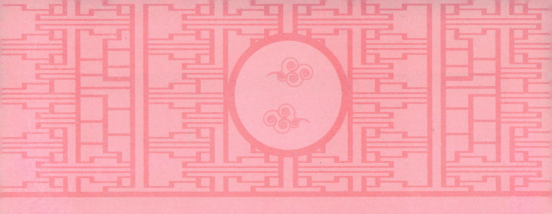

中华水塔——三江源

　　三江源自然保护区位于青藏高原腹地，青海省南部，西南与西藏自治区接壤，东部与四川省毗邻，北部与青海省格尔木市都兰县相接。

　　三江源自然保护区不仅是目前我国面积最大的自然保护区，也是

世界高海拔地区生物多样性最集中的地区和生态最敏感的地区。

三江源区是青海南部的高原主体，昆仑山及其支脉可可西里山、巴颜喀拉山、阿尼玛卿山、唐古拉山等众多雪山的冰雪融化后，汇流成哺育中华民族的长江、黄河和澜沧江等大江大河，形成了我国最重要的水源地，因此，这里被称为"中华水塔"。

三江源地区主要包括青海省的玉树、果洛两个藏族自治州全境以及黄南、海南、海西三个藏族自治州所辖的泽库、河南、兴海、同德四县以及被称为"生命禁区"的唐古拉山。

三江源地区自然资源丰富，地形地貌复杂，自然环境类型多样，具有多种植被类型，为动植物资源的分布提供了极其独特的环境条件，使三江源地区成为世界海拔最高、生物多样性最丰富、最集中的地区。

一些耐寒喜凉的动物在与大自然的残酷斗争中，得到繁殖和发

展，成了三江源地区的特有物种。该地区共有珍稀野生动物70余种，藏羚羊、藏野驴、野牦牛、藏原羚、喜马拉雅旱獭等青藏高原特有物种在这里繁衍生息。

其中国家一级重点保护有藏羚羊、野牦牛、雪豹等，国家二级重点保护动物有岩羊、藏原羚。

这一地区的野生植物资源种类繁多，数量丰富，用途广泛，经济价值较高。据初步调查，青海的药用植物约有370种，其中常用的中草药有259种。冬虫夏草驰名中外，药用价值极高。

三江源是世界高海拔地区生物多样性特点最显著的地区，被誉为高寒生物自然种质资源库。植被类型有针叶林、阔叶林、针阔混交林、灌丛、草甸、草原、沼泽及水生植被、垫状植被和稀疏植被等。区内国家二级保护植物有油麦吊云杉、红花绿绒蒿、冬虫夏草等，列入国际贸易公约的有兰科植物等。

三江源区是青藏高原的腹地和主体，以山地地貌为主，山脉绵延、地势高耸、地形复杂，最低海拔位于玉树藏族自治州东南部的金沙江江面，平均海拔4.4千米左右。

主要山脉为东昆仑山及其支脉阿尼玛卿山、巴颜喀拉山和唐古拉山。因受第四纪冰期作用和现代冰川影响，海拔5千米以上的山峰可见古冰川地貌。

保护区中西部和北部呈山丘原状，起伏不大、切割不深、多宽阔而平坦的滩地，因地势平缓、冰期较长、排水不畅，形成了大面积沼泽。东南部高山峡谷地带，切割强烈，相对高差多在1千米以上，地形陡峭，坡度多在30度以上。

三江源区气候属青藏高原气候系统，为典型的高原大陆性气候，

表现为冷热两季交替，干湿两季分明，年温差小，日温差大，日照时间长，辐射强烈，无四季区分的气候特征。

冷季为青藏高原冷高压控制，长达7个月，热量低，降水少，风沙大；暖季受西南季风影响产生热气压，水气丰富，降水量多。由于海拔高，绝大部分地区空气稀薄，植物生长期短。

三江源地区河流纵横，湖泊众多，水资源丰富，沼泽地分布较广。在玉树藏族自治州的西北部分布着大面积的现代冰川，形成了巨大的冰库，是各江河径流补给的主要源泉之一。

三江源地区是我国面积最大的江河源区和海拔最高的天然湿地，三江源自然保护区具有独特而典型的高寒生态系统，是中亚高原高寒环境和世界高寒草原的典型代表。

三江源区河流主要分为外流河和内流河两大类，外流河主要是通天河、黄河、澜沧江三大水系，支流由雅砻江、当曲、卡日曲、孜

曲、结曲等大小河川并列组成。

长江发源于唐古拉山北麓格拉丹冬雪山，三江源区内长1200多千米。除正源沱沱河外，区内主要支流还有楚玛尔河、布曲、当曲、聂恰曲等。

黄河发源于巴颜喀拉山北麓各姿各雅雪山，省内全长1900多千米，主要支流有多曲、热曲等，占整个黄河流域水资源总量的近一半。

澜沧江发源于果宗木查雪山，三江源区内长400多千米，占干流全长的十分之一。

三江源区是一个多湖泊地区，主要分布在内陆河流域和长江、黄河的源头段，大小湖泊近1800余个。列入我国重要湿地名录的有扎陵湖、鄂陵湖、玛多湖、黄河源区岗纳格玛错、依然错、多尔改错等。

三江源区环境严酷，自然沼泽类型独特，在黄河源、长江源的沱沱河、楚玛尔河、当曲河三源头、澜沧江河源都有大片沼泽发育，成为我国最大的天然沼泽分布区。沼泽基本类型为藏北蒿草沼泽，而且大多数为泥炭沼泽，仅有小部分属于无泥炭沼泽。

三江源内冰川资源蕴藏量巨大，现代冰川均属大陆性山地冰川。长江流域主要分布在唐古拉山北坡和粗尔肯乌拉山西段，昆仑山也有现代冰川发育；黄河流域在巴颜喀拉山中段多曲支流托洛曲源头的托洛岗；澜沧江源头北部多雪峰，终年积雪，雪峰之间是第四纪山岳冰川。

三江源区不但水资源蕴藏量多、地表径流大，而且地下水资源也比较丰富，据估算，仅玉树的地下水贮量就约达115亿立方米。地下水属山丘区地下水，分布特征主要为基岩裂隙水和碎屑岩空隙水。地下水补给方式主要为降水的垂直补给和冰雪融水。

三江源区土壤属青南高原山土区系。由于青藏高原地质发育年代

晚，脱离第四纪冰期冰川作用的时间不长，现代冰川还有较多分布，至今地壳仍在上升。

高寒生态条件不断强化，致使成土过程中的生物化学作用减弱，物理作用增强，土壤基质形成的胶膜比较原始，成土时间短，区内土壤大多厚度薄、质地粗、保水性能差、肥力较低，并且容易受侵蚀而造成水土流失。

三江源区地域辽阔，受地质运动的影响，海拔差异很大，并且高山山地多，相对海拔较高，形成了明显的土壤垂直地带性分布规律。

随着海拔由高到低，土壤类型依次为高山寒漠土、高山草甸土、高山草原土、山地草甸土、灰褐土、栗钙土和山地森林土。其中以高山草甸土为主，沼泽化草甸土也较普遍，冻土层极为发育。沼泽土、潮土、泥炭土和风沙土等为隐域性土壤。

三江源区植被类型有针叶林、阔叶林、针阔混交林、灌丛、草甸、草原、沼泽及水生植被、垫状植被和稀疏植被9个植被型。

　　森林植被以寒温性的针叶林为主，主要分布在三江源区的东部、东南部，属于我国东南部亚热带和温带向青藏高原过渡的山峡区域。主要树种有川西云杉、紫果云杉、红杉、祁连圆柏、大果圆柏、塔枝圆柏、密枝圆柏、白桦、红桦、糙皮桦。

　　灌丛植被主要种类有杜鹃、山柳、沙棘、金露梅、锦鸡儿、锈线菊、水荀子等；草原、草甸等植被类型主要植物种类为蒿草、针茅草、苔草、凤毛菊、鹅观草、披碱草、芨芨草以及藻类、苔藓等。

　　植被类型的水平带谱和垂直带谱均十分明显。水平带谱自东向西依次为山地森林、高寒灌丛草甸、高寒草甸、高寒草原、高寒荒漠。

　　沼泽植被和垫状植被则主要镶嵌于高寒草甸和高寒荒漠之间。高山草甸和高寒草原是三江源地区主要植被类型，高山冰缘植被也有大面积分布。

　　三江源区的野生维管束植物约占全国植物种数的8%，其中种子植物种数占全国相应种数的8.5%。保护区内国家二级保护植物有油麦吊

云杉、红花绿绒蒿、冬虫夏草三种。

　　三江源区野生动物区系属古北界青藏区"青海藏南亚区"，可分为寒温带动物区系和高原高寒动物区系。动物分布型属"高地型"，以青藏类为主，并有少量中亚型以及广布种分布。

　　三江源自然保护区纪念碑是由花岗岩雕成，纪念碑碑体高6.621米，象征长江正源地格拉丹冬雪峰6.6千米的高度；纪念碑基座面积363平方米，象征三江源保护区36.3万平方千米的面积；基座高4.2米，象征三江源4.2千米的平均海拔；碑体由56块花岗岩堆砌而成，象征我国56个民族；碑体上方两只巨形手，象征人类保护"三江源"。

　　碑体正面有 "三江源自然保护区"8个大字。整个纪念碑造型美观，寓意深远，气势宏伟。

知识点滴

动物乐园——可可西里

可可西里自然保护区位于青海西南部的玉树藏族自治州境内，面积45000平方千米。"可可西里"蒙语意为"美丽的少女"。藏语称该地区为"阿钦公加"。

　　可可西里是目前世界上原始生态环境保存最完美的地区之一，也是目前我国建成的面积最大、海拔最高、野生动物资源最为丰富的自然保护区之一。

　　可可西里，包括西藏北部被称为"羌塘草原"的部分、青海昆仑山以南地区和新疆的同西藏、青海毗邻的地区。

　　可可西里气候干燥寒冷，严重缺氧和淡水，环境险恶，令人望而生畏。人类无法在那里长期生存，只能依稀见到已适应了高寒气候的野生动植物。于是人们称这里为"人类的禁区"和"生命的禁区"等。然而正因为如此，这里成了"野生动物的乐园"。

　　可可西里地处青藏高原腹地，最高峰为北缘昆仑山布喀达坂峰，最低点在豹子峡，区内地势南北高，中部低，西部高而东部低。可可西里山和冬布勒山横贯本区中部，山地间有两个宽谷湖盆带，地势较平坦。

　　可可西里自然保护区是羌塘高原内流湖区和长江北源水系交汇地区。东部为楚玛河为主的长江北源水系，主要为雨水、地下水补给，水量较小，河流往往是季节性河流。西部和北部是以湖泊为中心的内流水系，处于羌塘高原内流湖区的东北部，湖泊众多。

　　可可西里自然保护区气候特点是温度低、降水少、大风多、区域差异较大。境内年平均气温由东南向西北逐渐降低，年平均降水量分布趋势是由东南向西北逐渐减少。

　　可可西里自然保护区气候地貌类型主要包括冰川作用地貌、冰缘作用地貌、流水作用地貌、湖泊作用地貌、风力作用地貌等。冰川作用的范围有一定的局限性。

　　现代冰川仅在少数高山、极高山上分布，以大陆性冰川为主。冻胀作用、冰融作用、寒冻风化作用等形成了多种多样的冰缘地貌。

　　可可西里自然保护区流水作用虽然普遍，但由于水量有限、季节变化大、流水侵蚀和搬运作用都较弱，在现代河床中砾石磨圆往往很差。湖滨沉积物亦以砂砾石为主。高原风力较大，风蚀作用使地表粗化十分普遍，显示了寒冷半干旱环境的气候地貌特征。

整个青藏高原自东向西北表现为湿润地区、半湿润地区、半干旱地区和干旱地区的更替与过渡。可可西里地区则居于半干旱地区内。随着海拔升高，温度降低，降水增加，高寒草甸或高寒草原逐渐被以稀疏状植被为主要特征的亚冰雪带所替代，在一些极高山区发育了多年积雪和冰川。

可可西里自然保护区的地表物质也是自然环境分异的重要因素。本区大部分地面都覆盖着一定厚度的沙层，它可以使天然降水或融水很快渗入下层，保存起来。

由于沙层阻隔，土壤下层水分蒸发微弱，对植被的发育有利。以青藏苔草为主的高寒草原广泛分布为主导地理景观，而针茅草原景观仅出现在局部地方。

可可西里地区河滩地面积比例较大，受到当地大气候条件的影响，形成隐域半隐域景观，这是区域性因素作用的结果，打乱和干扰

了高原地带性景观的连续分布。在一些湖边盐分含量较高的地方，往往形成特别干燥的环境，发育了局部性的垫状驼绒藜高寒荒漠，这是地方性非地带性因素作用的结果。

可可西里自然保护区由于受到地理位置、地势高低、地形坡向及地表组成物质等各种水热条件分异因素的影响，自然景观自东南向西北呈现高寒草甸、高寒草原与高寒荒漠更替。其中高寒草原是主要类型，高寒冰缘植被也有较大面积的分布，高寒荒漠草原、高寒垫状植被和高寒荒漠有少量分布。

高寒草原是本区分布面积最大的植被类型，主要建群种有紫花针茅、扇穗茅、青藏苔草、豆科的几种棘豆、黄芪和曲枝早熟禾等；常见的伴生植物有垫状棱子芹等。紫花针茅草原主要分布于东部青藏公路沿线，在内部多分布零散或局限于个别地段或山地。

高寒草甸主要以高山蒿草和无味苔草为建群种。前者主要分布在风火山口和五道梁一带山坡；后者分布于中部和北部山地阳坡或冲积湖滨的冰冻洼地，与等草原群落复合分布。

　　其分布地域有较为丰富的降水量。这两类高寒草甸群落的种类组成和结构都比较简单，水平结构一般较均匀，在坡地处的则呈块状或条状分布。青藏苔草高寒草原，主要分布在北部和西部地区。群落的盖度随所处环境的水热状况有较大的变化，一般为20％左右。扇穗茅高寒草原，主要分布于沱沱河以北的东部地区，常与紫花针茅高寒草原和莫氏苔草高寒草原复合分布。

　　高山冰缘植被是青海可可西里地区分布面积仅次于高寒草原的类型，特别是在西北部地区分布广泛。

　　青海可可西里地区的高等植物以矮小的草本和垫状植物为主，木本植物极少，仅存在个别种类，如匍匐水柏枝、垫状山岭麻黄。

　　在多种植物中，青藏高原特有种和青藏高原至中亚高山、西喜马拉雅和东帕米尔分布的种在区系成分中占主导地位。

　　青藏高原特有种约占该区全部植物的40％，其中青海可可西里地区特有种和变种约有8个以上。青藏高原至中亚高山、西喜马拉雅、东帕米尔分布的种占该区植物的35％。

　　具有垫状生长型的植物种类多，分布广，这里的垫状植物占世界的三分之一。可可西里地区许多植物都以低矮、垫状的生长型出现，在广阔的宽谷、湖盆地区，5种垫状的点地梅，5种垫状的雪灵芝，数种垫状的凤毛菊、黄芪、棘豆、红景天、水柏枝等在各地构成了世界上少有的大面积垫状植被景观。

由于本区地势高亢，气候干旱寒冷，植被类型简单，食物条件及隐蔽的条件较差，动物区系组成简单。但是，除猛兽猛禽多单独营生外，有蹄类动物具结群活动或群聚栖居的习性，因而种群密度较大，数量较多。

濒危珍稀动物中，兽类有13种，其中含国家一级保护动物5种，即藏羚羊、雪豹、藏野驴、野牦牛、白唇鹿；二级保护动物有8种，即棕熊、猞猁、兔狲、豺、石貂、岩羊、盘羊、藏原羚；珍稀鸟类有秃鹫、猎隼、大鵟、红隼、藏雪鸡、大天鹅等。

在可可西里保护区中，藏羚羊被称为"可可西里的骄傲"，我国

特有物种，群居动物。

藏羚羊背部呈红褐色，腹部为浅褐色或灰白色。成年雄性藏羚羊脸部呈黑色，腿上有黑色标记，头上长有竖琴形状的角用于御敌。雌性藏羚羊没有角。

藏羚羊是国家一级保护动物，也是列入《濒危野生动植物种国际贸易公约》中严禁贸易的濒危动物。

藏羚羊不同于大熊猫。它是一种绝对的优势动物。只要你看到它们成群结队在雪后初霁的地平线上涌出，精灵一般的身材，优美得飞翔一样的跑姿，你就会相信，它能够在这片土地上生存数百万年，是因为它就是属于这里的。和大熊猫不一样，它绝不是一种自身濒临灭绝、适应能力差的动物，只要人类不去干扰它，不去用猎枪和子弹杀害它们，它们自己就能活得非常好。

它生活于青藏高原的广袤地域内，栖息在海拔4千米以上的高原荒漠、冰原冻土地带及湖泊沼泽周围，藏北羌塘、青海可可西里以及新疆阿尔金山一带令人类望而生畏的"生命禁区"。

藏羚羊不仅体形优美、性格刚强、动作敏捷，而且耐高寒、抗缺氧。在那些环境极其恶劣和人迹罕至的地方，藏羚羊却能够顽强地生存下来，这也是藏羚羊长期以来得以生存的主要原因。

在青藏高原独特恶劣的自然环境中，为寻觅足够的食物和抵御严寒，经过长期适应，藏羚羊形成了集群迁徙的习性，并且其身体上生长有一层保暖性极好的绒毛，这些都是藏羚羊上万年得以生存下来的主要原因。

藏羚羊作为青藏高原动物区系的典型代表，具有很高的科学价值。藏羚羊种群也是构成青藏高原自然生态的极为重要的组成部分。

我国政府十分重视藏羚羊保护，严格禁止一切贸易性出口和买卖藏羚羊及其产品的活动，并将藏羚羊确定为国家一级保护野生动物，严禁非法猎捕。

此外，我国政府还在藏羚羊重要分布区先后划建了青海可可西里国家级自然保护区、新疆阿尔金山国家级自然保护区、西藏羌塘自然保护区等多处自然保护区，成立了专门保护管理机构和执法队伍，定期进行巡山和对藏羚羊种群活动实施监测。

近几年，由于自然保护联盟和全世界热爱动物的人士对它们的关注，藏羚羊的数量现已回升约22万只。

可可西里保护区内的土壤类型简单，多为高山草甸土、高山草原土和高山寒漠土壤，其次为沼泽土，零星分布的有沼泽土、龟裂土、盐土、碱土和风沙土。土壤发育年轻，受冻融作用影响深刻。

高山寒漠土主要分布在本区西南部，平均海拔5千米以上的高原面和冰川雪线以下的山地。植被以垫状的点地梅、棘豆、蚤缀、凤毛菊、驼绒藜等为主体，且分布广泛，为昆仑山区所罕见。

高山草甸土多见于本区东部山地，上接高山寒漠土，下连高山草原土，是在寒冷湿润气候和高寒草甸植被下发育而成，植物有高山蒿草、矮蒿草，它们组成建群种，地面融冻滑塌和草根层斑块状脱落明显。

高山草原土为东部高原面的基带土壤，低山和高山下部也有分布，是在高寒半干旱气候和高寒草原植被下发育而成，植物常由大紫花针茅、羽柱针茅为建群种，群落组成常受土壤基质制约，砂砾质或盐碱化土壤多有垫状驼绒藜和青藏苔草等荒漠化草原成分加入。

沼泽土广布于乌兰乌拉山山间洼地、平缓的分水岭脊等浅洼低地中，由于冻土层出现部位高，沼泽土可分布在坡度22度的山坡上。

龟裂土多见于海拔5千米以下高山草原土区的湖阶地，干涸小湖和低山缓丘间的浅碟形平地中，如涟湖、乌兰乌拉湖、西金乌兰湖周缘都有分布，但面积不大。

盐土主要分布在西金乌兰湖、勒斜武担措和明镜湖等新近出露的湖滨平原上，地面平坦，一片白色薄盐结皮，土体潮湿无结构。

碱土分布较广，多见于湖滨阶地和高河漫滩，其上或不长植物，地面平坦龟裂，或为荒漠化草原，生长有垫状驼绒藜、苔草和镰叶韭等。

知识点滴

藏羚羊特别喜欢在有水源的草滩上活动，群居生活在高原荒漠、冰原冻土地带及湖泊沼泽周围。

那些尽是些"不毛之地"，植被稀疏，只能生长针茅草、苔藓和地衣之类的低等植物，而这些却是藏羚羊赖以生存的美味佳肴；那里湖泊虽多，但绝大部分是咸水湖。藏羚羊成为偶蹄类动物中的佼佼者，不仅体形优美、性格刚强、动作敏捷，而且耐高寒、抗缺氧。

在那十分险恶的地方，时时闪现着藏羚羊鲜活的生命色彩、腾越的矫健身姿，它们真是生命力极其顽强的生灵！它性怯懦机警，听觉和视觉发达，常出没在人迹罕至的地方，极难接近。有长距离迁移现象。

牛奶之河——白水河

白水河国家级自然保护区，位于四川盆地西北边缘的彭州市境内，属森林及野生动物类型自然保护区。保护区东与德阳市九顶山自然保护区相连，北与汶川县交界，西与都江堰龙溪虹口自然保护区接壤。

白水河保护区按功能区划分为核心区、缓冲区、实验区。核心区

位于保护区北部，主要包括保护区内的银厂沟、回龙沟上部、大坪上部等地。

白水河国家级自然保护区位于龙门山褶皱带的中南段，地质上属于横断山东部，是四川盆地向青藏高原过渡段的典型地貌地带，地势由东南向西北递增。由于地形剧烈切割，山谷呈"V"型和"U"型发育，相对落差悬殊，形成山高坡陡谷窄的地貌特征。

区内水文属长江支流沱江发源地之一，水力资源极为丰富。本区河流主要有银厂沟、龙漕沟、牛圈沟汇集区内50余条岔沟之水注入湔江，湔江流经境内20余千米，水流湍急，河水终年不断，是成都平原重要的水源涵养地。

白水河保护区为亚热带湿润气候区，由于地形和海拔的影响，气候具有下列特点。气温垂直分异明显，形成山地垂直气候带，随海拔

由低至高分别为：北亚热带、山地暖温带、山地中温带、山地寒温带、山地亚寒带。本区降水量多，降雨集中，多暴雨，冬季以固态降水为主，雨日多，日照少，湿度大。

白水河保护区自然资源异常丰富。保护区所在的我国西南山地被列为全球25个生物多样性热点区域之一，是全球生物多样性最为丰富的温带森林生态系统，拥有占全国约一半的鸟类和哺乳动物。

该区森林植被保存完整，生物多样性异常丰富。全区已知有维管束植物164科695属1770种，保护区内古老、特有的种数十分丰富，原始古老植物有蕨类植物、裸子植物、被子植物等多种植物。

保护区植物中我国特有属约有22属，占全国特有属数的11%，这些特有的属大都为单种属和少种属，如珙桐、连香树、水青树、香果树、串果藤、大血藤等。

在保护区的动物中，其中金丝猴、金猫、云豹、水獭、大熊猫等为濒危物种。保护区内已知的四川珍稀和特有脊椎动物有100多种，占全省特有种类的36％左右，既有横断山地区特有种类，也有青藏高原特有物种，还有亚热带的种类，更有古北界的特有种类。

兽类中有纹背鼩鼱、蹼麝鼩、马麝、高山姬鼠，也有藏酋猴、毛冠鹿、岩羊和松田鼠等；鸟类中有绿尾虹雉、藏马鸡、橙翅噪鹛等；两栖爬行类有大鲵、四川龙蜥、玉锦蛇、紫灰锦蛇、洪佛树蛙等。

鱼类有成都鱲、彭县似鮀、齐口裂腹鱼、青石爬鱼兆和壮体鱼兆等，其中成都鱲和彭县似鱼骨只分布在彭县的湔江，为彭州的特有种，目前数量甚少，为濒危物种。

四川白水河国家级自然保护区具有丰富的生态资源，包括从成都平原突兀而起的险峻高山，雄壮的飞瀑，壮观雄异的云海，绚丽的日出、晚霞，奇妙神异的彩虹约影、佛光神灯，清幽的碧波深潭。

尤其是那丰富的动植物资源、保存完好的生态环境和悠久的人文历史，给人们勾绘出一个集山景、水景、生景、气景、文景、生物多样性和地质景观于一体的生态胜地。

四川白水河国家级自然保护区是以其独特的地理位置、神秘的地形地貌和丰富的生物多样性，一直以来深受国内外科学家的密切关注。

白水河国家级自然保护区是长江重要支流沱江的发源地之一，在涵养水源、保持水土、保护生物多样性，维护生态平衡，促进成都平原及中、下游地区风调雨顺等方面具有极其重要的战略意义。

知识点滴

地处白水河国家自然保护区的银厂沟，因明朝崇祯皇帝天官刘宇亮在此开银矿而得名。相传，这里是3000多年前，蜀族先民由黄河流域的高原向南迁徙，进入四川盆地的必经之地。

至今，人们对附近的几个小山坪还有许多传说，连盖坪称銮架坪，为皇宫所在，帝王所居；国家坪称国舅坪，为国舅所居；三合坪称三辅坪，曾修过3个府宅，是上好的宝地。

银厂沟内奇峰叠嶂，云蒸霞蔚。峡谷低处，古木蔽天。湍急的河流，在密林山崖中忽隐忽现，为峡谷增添了一种莫名的神秘与肃穆。

景区四季景色各异，春日杜鹃似海，冬日银装素裹，盛夏金秋则林森葱郁，清流急湍，是蜀山蜀水的经典代表。

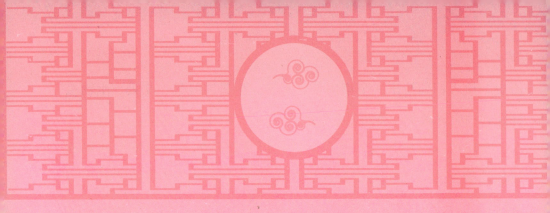

高原绿洲——若尔盖湿地

　　四川若尔盖湿地位于我国青藏高原东北部、四川省阿坝州北部若尔盖县境内，地处黄河、长江上游，涵养了大量水分，为两大母亲河提供了充足的水源，特别是黄河30%的水来自若尔盖湿地，总面积

166.7平方千米。

若尔盖湿地自然保护区主要保护对象为高寒沼泽湿地生态系统和黑颈鹤等珍稀动物。该保护区不仅是我国生物多样性关键地区和世界高山带物种最丰富的地区之一，还是重要的水源涵养区。

四川若尔盖湿地自然保护区地处青藏高原东缘，位于若尔盖沼泽的腹心地带，是青藏高原高寒湿地生态系统的典型代表。

区内为平坦状高原，气候寒冷湿润，泥炭沼泽得以广泛发育，沼泽植被发育良好，生境极其复杂，生态系统结构完整，生物多样性丰富，特有种多，是我国生物多样性关键地区之一，也是世界高山带物种最丰富的地区之一。

若尔盖湿地自然保护区区内植物中星叶草、冬虫夏草为国家重点保护植物；脊椎动物中的国家重点保护野生动物有黑颈鹤、胡兀鹫、秃鹫、大天鹅等30多种，并为黑颈鹤的集中繁殖区之一，种群数量达480只左右。已探明的矿产资源有泥炭、煤、铁、铜、铀、锰、金等。

泥炭资源极为丰富，分布面积2000余平方千米，储量近40亿立方米。

黑颈鹤是大型涉禽，全身灰白色，颈、腿比较长，头顶皮肤血红色，并布有稀疏发状羽。除眼后和眼下方具一小块白色或灰白色斑外，头的其余部分和颈的上部约三分之二为黑色，故称黑颈鹤。

黑颈鹤是世界上唯一的一种生长、繁殖在高原的鹤类，为我国所特有的珍贵鸟类。黑颈鹤驰名世界，具有重要的文化交流、科学研究和观赏价值。作为高原草甸沼泽栖息的鸟类，在云贵藏生活、迁飞，与世无争。

若尔盖湿地自然保护区还是重要的水源涵养区，黑河和白河两条黄河上游的支流纵贯全区。但该区生态系统脆弱，一旦破坏后很难恢复，自然保护区的建立，对于保护高寒湿地生态系统和黑颈鹤等珍稀动物，研究自然环境变迁，保存、繁衍和分化古老生物物种具有重要的国际意义。

　　若尔盖湿地自然保护区宛如一块镶嵌在川西北边界上瑰丽夺目的绿宝石，是我国三大湿地之一。

　　若尔盖湿地自然保护区地形复杂，中西部和南部为典型丘状高原，地势由南向北倾斜，植被以草甸草原和沼泽组成的草原为主。平均海拔3.5千米，境内丘陵起伏，谷地开阔，河曲发达，水草丰茂，适宜放牧，以饲养牦牛、绵羊和马为主，为纯牧业区，素有"川西北高原的绿洲"之称，也是全国三大草原牧区之一。属河曲马品系的唐克马是全国三大名马之一。

　　唐克马对高寒多变的气候环境有很强的适应能力。在终年群牧的情况下，夏秋上膘快，冬春掉膘慢，表现体内沉积脂肪的能力强，体况随季节变化不显著。对一般疾病抵抗力强，常见的胃肠疾病和呼吸系统疾病发生很少。

　　西部草原是半农半牧区，有耕地5300多公顷，适宜种植一年生农作物，以青稞为主，其次有小麦、豆类作物和洋芋等。主要经济作物

有油菜和亚麻，还出产少量苹果和花椒。该地区木材资源丰富，主要有冷杉、云杉等树种。原始森林与雪山草地、河谷农业交相辉映，草地连绵，积水成沼。

若尔盖湿地自然保护区的主要河流有嘎曲、墨曲和热曲，从南往北汇入黄河。北部和东南部山地系秦岭西部迭山余脉和岷山北部尾端，境内山高谷深，地势陡峭，主要河流有白龙江、包座河和巴西河。河流弯曲摆荡，蜿蜒曲折，牛轭湖星罗棋布，独成一湾风景。

若尔盖湿地自然保护区四周群山环抱，中部地势低平，谷地宽阔，河曲发育，湖泊众多，排水不畅。同时这里气候寒冷湿润，年平均气温在零摄氏度左右，蒸发量小于降水量，地表经常处于过湿状态，有利于沼泽的发育。本区部分沼泽是由湖泊沼泽化形成的，如山原宽谷中的江错湖和夏曼大海子，湖泊退化后，湖中长满沼生植物，湖底有厚厚泥炭积累。

若尔盖山原沼泽在分布上有以下3个特点：一是分布广，沼泽不仅分布在平坦宽阔的河滩、湖群洼地和阶地上，而且在某些无流宽谷和伏流宽谷地带也有分布；二是面积大，这里的沼泽面积有30万公顷，是我国最大的一片泥炭沼泽；三是沼泽率高，沼泽率一般达20％至30％。黑河流域比白河流域高，而且两河流域的中下游均多于上游。

若尔盖沼泽类型较多，各种沼泽类型在湖群洼地、无流宽谷、伏流宽谷和阶地等不同部位上，相互连接形成许多巨大的复合沼泽体。

若尔盖湿地自然保护区属高原寒带湿润季风气候。根据地貌特征，分为东部大陆性山地中温带半湿润季风气候和西部大陆性季风高原气候两种气候区。

西部丘状高原，气候严寒，四季不明，冬长无夏。降雨量多集中降于4月下旬至10月中旬，平均湿度70％，年均日照时间长，风向多为西北风。每年9月下旬开始结冻，5月中旬才能完全解冻。

东部半农半牧区，气候较温和，4月至7月基本为无霜期，降雨多集中降于夏末秋初，春末夏初则多干旱。常见自然灾害有冰雹、干旱、霜冻、寒潮连阴雪、洪涝等。

夏季是草原的黄金季节，这里天高气爽，能见度很高。天地之间，绿草茵茵，繁花似锦，芳香幽幽，一望无涯。草地中星罗棋布地点缀着无数小湖泊，湖水碧蓝，小河如藤蔓把大大小小的湖泊串联起来，河水清澈见底，游鱼可数。

知识点滴

自2002年始，若尔盖县就相继开展湿地保护的宣传和基础设施建设工作。先后建设成草地围栏，完成巡护、维护道路，建设栏坝，建立生态监测点。

2010年，若尔盖花湖湿地生态恢复工程正式开工建设，湖泊水位较过去增高，湖泊面积扩大，恢复湖泊周边半沼泽和干沼泽常年集水，生态恢复效果十分明显。

通过湿地治理工程的实施，湖泊扩面还湿，有力促进了花湖区域半沼泽和干沼泽的恢复，改善了区域地下水循环状况，使萎缩的泥炭逐步得到恢复，营造了最佳的泥炭发育环境，为珍稀野生动物适生生境创造了良好的条件；工程蓄水后，在此栖息的鸟类增加了一倍，以前很少在此区域活动的黑鹳等珍稀动物数量显著增加。

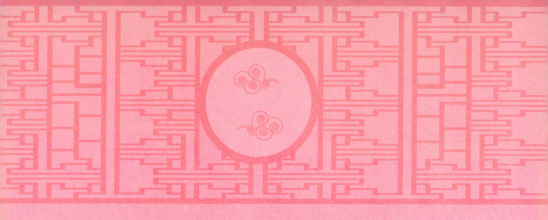

沙漠绿洲——沙坡头

　　沙坡头保护区位于宁夏回族自治区中卫市西部的腾格里沙漠东南缘。东起二道沙沟南护林房，西至头道墩，北接腾格里沙漠，沙坡头段向北延伸，沿"三北"防护林二期工程基线向东北延伸至定北墩外围，南临黄河。

沙坡头保护区自然形成的一条由西南至东北走向的狭长弧形沙丘地带，包兰铁路横贯其间，地势由西南部向东北倾斜，自然地理条件十分复杂，生态环境脆弱。

沙坡头保护区主要保护对象为沙漠自然生态系统，特有的沙地野生动植物及其生存繁衍的环境。本区是亚洲中部和华北黄土高原植物区系的交会地带，为荒漠和草原间的过渡，生物种类及生态过程具有明显的过渡特点。

沙坡头保护区主要有裸子植物、被子植物和种子植物等，占宁夏回族自治区种子植物的四分之一。

沙坡头保护区被列入国家一二级保护的植物有裸果木、沙冬青和胡杨。阿拉善地区特有植物有阿拉善碱蓬、宽叶水柏枝和百花蒿。有经济价值的资源植物共计60多种。

沙坡头保护区的脊椎动物有鱼类、两栖类、爬行类、鸟类和兽类，列入国家重点保护野生动物名录的脊椎动物占保护区脊椎动物总

数的12%。

其中一级保护动物有黑鹳、金雕、玉带海雕、白尾海雕和大鸨；二级保护动物有灰鹤、蓑羽鹤、白琵鹭、荒漠猫、猞猁、鹅喉羚、岩羊等；脊椎动物有贺兰山岩鹨、北朱雀、文须雀、长尾雀、短耳鸮等。

保护区的湿地可分为天然湿地和人工湿地两大类型。保护区的天然湿地由河流和沼泽、湖泊组成。黄河从沙坡头流过，与生活在岸边和水中的生物共同构成河流湿地生态系统。

由于黄河流水大量渗入地下，储于沙砾层中，形成地下水丰富的含水层。在低地，地下水溢出，形成相当面积的沼泽，主要分布于马场湖、高墩湖、小湖和荒草湖等。

保护区人工湿地是人类活动形成的湿地，这类湿地主要是鱼塘。

保护区的湿地植物有水生和湿生两大类，占保护区植物种类的四分之一。保护区的水生植物分为沉水植物、浮水植物和挺水植物。

沉水植物：整株沉于水下，为典型的水生植物。他们的根退化或消失，表皮细胞可直接吸收水中气体、营养物质和水分；叶绿体大而多，适应水中的弱光环境；无性繁殖较有性繁殖发达。这类植物在保护区的代表种类有狸藻、茨藻等。

浮水植物：叶片漂浮于水面，气孔分布于叶片上面，维管束和机械组织不发达，无性生殖速度快，生产力高。保护区代表种类有浮萍和眼子菜等。

挺水植物：植物体挺出水面，机体细胞大，通气通水性能好。保护区代表植物有香蒲等。

保护区的湿地植被可划分为2个植被型组，3个植被型，6个植被亚型，11个群系。

湿地是多种脊椎动物类群的栖息地，保护区的湿地动物被列入国家保护动物的种类都是鸟类。其中一级有玉带海雕和白尾海雕；二级有鹗、大天鹅、灰鹤、蓑羽鹤和白琵鹭。保护区湿地具有向人类持续提供食物、原材料和水资源的潜力，并在蓄水抗旱、保持生物多样性

等方面起重要作用。

　　湿地的实际价值主要体现在以下几个方面：

　　蓄水灌溉：沙坡头地处中亚内陆，为温带季风区大陆性气候，降水少，蒸发量大。黄河在沙坡头流过，为当地的粮食生产提供保障。

　　渔业：沙坡头的渔业是当地经济收入来源之一。鱼塘养的鱼类主要是草鱼、鲤鱼和鲢鱼，为当地经济带来一定的经济收入，也在补充当地群众动物性蛋白方面有重要作用。

　　维持生物多样性：湿地是多种动物种类栖息、生长、繁殖和发育的良好生境。尤其在荒漠地区，更是生物多样性最高的生态系统，在保持生物多样性方面意义重大。

　　保护区植物种类繁多，湿地的植物约占总数的四分之一。保护区有脊椎动物近200种，见于湿地环境的有100多种。沙坡头的湿地不仅是众多水禽的栖息繁殖地，而且是相当多鸟类迁徙中的停息地。

　　保护区的湿地生态系统是荒漠生态系统的子系统，是生物多样性最高的子系统，也是除农业生态系统外生物生产力最高的子系统。

　　荒漠生态系统的能量转换、物质循环与这个子系统有着千丝万缕的关系，随着全球气候变化和人类活动，尤其是变暖、变干，水、土地资源的过度开发利用，导致湖泊完全干枯，依赖于这些湿地的动植物就会消失。

知识点滴

　　沙坡头保护区充分利用"地球日""爱鸟周""科技周"和"世界环境日"等环保纪念日，向社会各界宣传环境保护的重要意义，努力提高公众的环保意识。

　　在"爱鸟周"期间，沙坡头管理处管理人员到保护区周边的中小学，向师生宣传鸟类基础知识和爱鸟、护鸟的重要意义。在"科技周"和"5·22国际生物多样性日"纪念活动中，大力宣传科学的发展观。

　　围绕"以人为本，关爱环境"这一主题，向广大干部群众尤其是中小学生宣传自然保护区基础知识、建立自然保护区的意义及保护生物多样性，维护生态平衡的重要性，唤起人们对环境的关注。

北方自然保护区

　　我国北方地区是指东部季风区的北部，主要是秦岭到淮河一线以北，大兴安岭、乌鞘岭以东的地区，东临渤海和黄海。我国北方属于山环水绕、平原辽阔的地形特征，自然生态多种多样。

　　我国北方天然生态保护区主要有红星湿地自然保护区、仙人洞保护区和衡水湖保护区、百花山保护区、查干湖保护区及龙湾保护区。其中红星湿地国家级自然保护区是北方森林湿地生态系统的典型代表，是我国森林湿地面积较大的一处自然保护区。

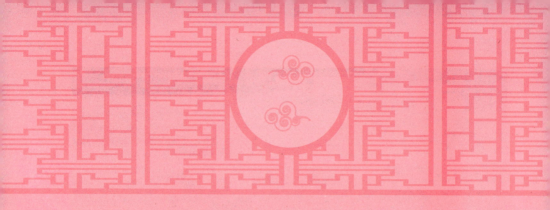

资源宝库——红星湿地

　　红星湿地国家级自然保护区位于黑龙江省伊春市境内，主要保护对象为森林湿地生态系统、珍稀野生动植物和湿地生物多样性。

　　红星湿地保护区是开发最晚、人为破坏污染最少、森林湿地生态系统保持最完整的地区。

红星湿地自然保护区内有7种湿地类型，主要有河流湿地、泛洪平原湿地、沼泽化草甸湿地、草本沼泽湿地、藓类沼泽湿地、灌丛沼泽湿地、森林沼泽湿地，占保护区总面积的47%。

红星湿地国家级自然保护区是北方森林湿地生态系统的典型代表，是我国森林湿地面积较大的一处自然保护区。该自然保护区内有库斯特河、二皮河和库尔滨河及周边湿地，最后汇入黑龙江，是黑龙江流域的重要水源地之一。

由于该湿地地势平坦，湿地类型复杂，如此之大的湿地面积，在涵养水源，防止山洪暴发，补充地下水源和抗旱排涝等方面有着不可代替的作用。直接影响小兴安岭林区、黑龙江水质和黑龙江流域的工农业生产及生态环境的改善，对黑龙江流域的城镇居民生活和社会经济发展有着重要的影响作用。

大平台湿地自然保护区是红星湿地国家级自然保护区的核心区域，位于伊春市红星区库斯特林场。保护区内建有省级地质公园红星火山岩地质公园，大片的火山熔岩、石海以及周边多样生态类型，为

动植物提供了良好的生存环境。

　　大平台湿地水域广阔、水草丰满，以天然植被繁茂而著称，可分为桃花岛、库尔滨水库两个大区。大平台桃花岛面积约60公顷，这里是兴安杜鹃的最佳观赏点。春季花期月余，春风过处，花海如潮，漫山红艳，称得上映山而红。

　　库尔滨水库总面积44平方千米，坝体雄伟壮观，库区内水产资源丰富，是重要的水力发电工程。库尔滨水库主要由库尔滨河、克林河、霍集河、龙湾河、乌鲁木河、嘟鲁河等河流汇集而成。库尔滨水库的水电站每天发电都要释放零摄氏度以上的水，河水常年不冻，形成了浓浓的雾气。

　　每年冬季，雾气和冷空气融合交锋，便形成了壮观的仿若童话世界的雾凇奇景，这时，整个风景区成了晶莹世界。

　　登高望去，棵棵树木变成了丛丛珊瑚，真是奇松佩玉，怪石披银，山峰闪光，花草晶莹。银装素裹的冰雪世界更显得神秘、隽妙，仪态万方。

红星湿地自然保护区内有较为丰富的动物资源、森林资源和水草资源。共有鱼类37种，两栖类有9种，爬行类有11种。鸟类有196种。兽类45种。国家二级保护动物30多种，主要有中华秋沙鸭、金雕、东方白鹳、丹顶鹤、白枕鹤、鸳鸯、花尾榛鸡、马鹿、黑熊和棕熊等。

保护区内的珍稀动物中华秋沙鸭，雄鸟体大，绿黑色及白色。长而窄近红色的嘴，其尖端具钩。黑色的头部具厚实的羽冠，两胁羽片白色而羽缘及羽轴黑色，形成特征性鳞状纹。脚红色，胸白而别于红胸秋沙鸭，体侧具鳞状纹，有异于普通秋沙鸭。

中华秋沙鸭雌鸟色暗而多灰色，与红胸秋沙鸭的区别在于体侧具同轴而灰色宽黑色窄的带状图案。虹膜褐色，嘴橘黄色，脚橘黄色。

中华秋沙鸭繁殖在西伯利亚、朝鲜北部和我国东北，越冬于我国

的华南及华中，日本及朝鲜，偶见于东南亚；中华秋沙鸭迁徙经于东
北的沿海，偶而在华中、西南、华东、华南和台湾越冬。

中华秋沙鸭出没于湍急河流，有时在开阔湖泊，成对或以家庭为
群，潜水捕食鱼类。

中华秋沙鸭是我国特有鸟类，全球仅存不足1000只，属国家一级
保护动物，比大熊猫还珍贵。

东方白鹳属于大型涉禽，是国家一级保护动物。常在沼泽、湿
地、塘边涉水。东方白鹳觅食，主要以小鱼、蛙、昆虫等为食。性宁
静而机警，飞行或步行时举止缓慢，休息时常单足站立。

东方白鹳3月份开始繁殖，筑巢于高大乔木或建筑物上，每窝产
卵3至5枚，白色，雌雄轮流孵卵，孵化期约30天。在东北中、北部繁
殖；越冬于长江下游及以南地区。

东方白鹳体态优美，长而粗壮的嘴十分坚硬，呈黑色，仅基部缀
有淡紫色或深红色。嘴的基部较厚，往尖端逐渐变细，并且略微向上
翘。眼睛周围、眼先和喉部的裸露皮肤都是朱红色，眼睛内的虹膜为

粉红色，外圈为黑色。

东方白鹳身体上的羽毛主要为纯白色，翅膀上面的大覆羽、初级覆羽、初级飞羽和次级飞羽均为黑色，并具有绿色或紫色的光泽。

初级飞羽的基部为白色，内侧初级飞羽和次级飞羽的除羽缘和羽尖外，均为银灰色，向内逐渐转为黑色。前颈的下部有呈披针形的长羽，在求偶炫耀的时候能竖直起来。

红星湿地自然保护区是我国北方森林湿地生态系统的典型代表，具有极高的科学研究价值。红星湿地自然保护区面积较大，物种资源丰富，森林生态系统完整，具有"黑龙江动植物资源宝库"的美称。

是一个有着典型代表性的自然综合体，是一座天然的物种基因库，是森林湿地生态科研和教学的天然实验基地，是进行环境保护宣传教育的自然博物馆。

知识点滴

赤松乐园——仙人洞

　　仙人洞国家级自然保护区位于辽宁省大连市庄河县境内，面积3500多公顷，主要保护对象为赤松林、栎林及自然景观，地处千山山脉，为长白、华北两大植物区系的过渡地带。该区的动植物区系、地

质地貌在国内外都有特殊的保护和科研价值。

仙人洞国家级自然保护区为剥蚀低山，地质构造古老，地貌景观奇特，奇峰怪石林立，千姿百态，有大小溶洞40余处、英那、小峪二河碧流清澈，河谷蜿蜒迂回、两侧奇峰峻秀，谷深峰矗，浑然一体，极具特色。

保护区内山势险峻、峰峦起伏，在头道沟沟口有一岩洞，名为仙人洞，是大连市远郊的一处风景胜地。传说早先洞口石壁上刻有"藏君洞"3个大字，明初高僧宏真来到这里，改"藏君洞"为"般若洞"。因宏真在此修炼成仙，所以当地人又把般若洞改称仙人洞。

仙人洞下口处有两眼"龙泉"，常年不枯，更为奇特的是井水雨天不见多，旱天不见少，每逢庙会，人们终日饮用，井水却源源不竭。泉边有一棵400多年的银杏树，至今仍枝繁叶茂。通往仙人洞的道路叫"梯子岭"，当地流传这样一句话："山上八百八，进庙就能发；下山六百六，进庙就长寿"之说。

保护区地层属华北地层区辽东分区辽南小区。区内裸露的地层主要是元古界前震旦系和部分新生界第四系地层。其中，以前震旦系辽河群的榆树碡子组构成本区地层骨架。

山地系由前震旦纪的石英岩、夹绢云母石英片岩和变质砂质岩形成的峰林、山峦、幽谷、岩柱、洞穴、孤石、悬崖地貌景观。保护区内有"猛虎听经""雄狮卧塔""龙泉瀑布""石林山谷"等多处自然景点，因此，保护区被列为大连市五大风景点之一。

保护区主要以石英岩典型棕壤和石英岩棕壤性土棕壤为主，属于

东部森林土壤区域，辽中—华北棕壤、褐土、黑土土区。土壤类型为棕壤土类，亚类以棕壤性土棕壤为主。土壤质地多为中壤土。通气性、透水性及持水能力比较协调，有较高的肥力水平，有利于林木生长。

保护区属暖温带湿润季风气候区，南濒黄海，夏季受海洋季风影响，多为东南风，冬季多为西北风，寒潮侵袭时有严寒，春秋两季气候凉爽。四季温和，雨热同季，光照和降雨集中，并具有一定海洋性气候特点。

本区属长白、华北两大植物区系的过渡地带，具有地带多样性特点。保护区植物主要乔木树种有赤松、红松、黑松、麻栎、蒙古栎、糠椴、黄檗、花曲柳、核桃楸、槭树等。顶极植被为赤松、麻栎混交林。

东北地区独有的第四纪冰川残留下的天然亚热带植物十几种，如

海州常山、三亚钓樟等。三亚钓樟，是我国樟科植物分布的最北限，十分珍贵。

保护区内赤松–栎林顶极植物群落，是目前亚洲面积最大的群落。赤松是寒温带植物，阳性树种，能抗风，生命力强，喜生于干燥的山坡和贫瘠的土地上。

赤松下部树皮常是灰褐色或者黄褐色，龟纵裂，上部树皮红褐色或黄褐色，成不规则鳞片脱落，一年生枝淡黄褐色，被白粉，无毛。冬芽暗红褐色，微具树脂，芽鳞线状披针形，先端微反卷，边缘具淡黄色丝。

这里至少生长着14万棵赤松。工作人员已经在洪真营附近发现了10多棵树龄在160岁以上的赤松。多年来，工作人员有意地保护了危害赤松生长的松干蚧的天敌，维持了良好的生态平衡。

赤松主要分布在亚洲日本海沿岸、辽东半岛和胶东半岛。在日本，赤松有较大面积的分布，但多为二十世纪五六十年代人工栽种。仙人洞自然保护区内的赤松林是亚洲天然赤松古树群，得到了日本植物学家的承认。

在这片赤松古树群中，还隐藏着许多"名木"。在这里，很容易发现在北方少见的亚热带或热带亲缘植物。它们不仅占有相当的空间，而且，在某些地段构成了层片群落，如：北五味子、盐肤木、白檀、海州常山、蓝果紫珠。

这里是亚热带植物的最北分布地。在混交林中还生长着人参、天麻、龙胆等名贵中药材。保护区内有国家一级保护植物人参；三级保护植物核桃楸、黄檗、天麻等。此外还有多种真菌，如：木耳、灵芝、榛蘑等。

国家重点保护动物有白尾海雕、金雕、中华秋沙鸭、白鹤、秃鹫等。杂色山雀除台湾和辽宁的桓仁有分布外，仅在此区有分布，是典型的东北动物区稀有鸟类。

保护区山峦气势磅礴，特别是小峪河两侧的山峰，如刀削斧劈一般拔地而起，山势极为险要。群山中还点缀有许多岩柱、岩墙、岩壁、石林等奇岩耸立。区内水原溪泉众多，形成众多林间小溪，有的形成瀑布。区内有许多大大小小的山泉，泉水优良，透明度极高，冬暖夏凉，并含有对人体有益的23种微量元素。

地下水类型以第四纪松散岩层孔隙水为主，伴有少量的基层裂隙水，泉多为下降泉。区内溪泉众多，形成众多林间小溪，有的形成瀑布。

位于保护区内的冰峪沟风景区，素有"辽南桂林"之美誉，景区内风光旖旎，景色秀丽。既有云南石林的奇特，又有桂林山水的挺拔。一年四季，景色各异：春天山花烂漫，夏天溪水潺潺，秋季霜染枫叶，冬季雪野冰川，景色十分迷人，美不胜收。

关于"冰峪"名称的来历，据说，唐代薛仁贵曾在此囤兵，唐太宗李世民率百万大军到此抚军，值阳春三月，沟外青山吐翠，沟内冰封雪飘，沟口如瓶颈。唐太宗见这里确是"一夫当关，万夫莫开"之地，便赐名"兵御"，谐音"冰峪"。

冰峪沟是整个冰峪风景区的中心。这里九曲十八弯的小河流水分外清澈，这里的山峰千姿百态各具风姿，这里的岩溶景观姿态各异：有的似神翁骑鹤，有的似虎非虎，有的似玉女腾云，有的似卧狮长啸。

自然保护区里的龙华山，又叫天台山，古称小华山，海拔500多米。山势峭丽，古松竞奇。

在龙华山天台峰前，半山腰悬崖间有一大洞，传说早先洞口石壁上刻有"藏君洞"3个大字，石壁上还刻有："薛仁贵征辽东，因一时失利，曾藏身于此洞。故名。"

明初高僧宏真来到这里，改"藏君洞"为"般若洞"。因宏真在此修炼成仙，所以当地人又把"般若洞"改称"仙人洞"。

洞有上口和下口，下口处有两眼"龙泉"，常年不枯，泉边有一棵400多年的银杏树，至今仍枝繁叶茂。

知识点滴

京南第一湖——衡水湖

　　衡水湖国家级自然保护区坐落在河北省衡水、冀州、枣强之间的三角地带，是华北平原唯一保持沼泽、水域、滩涂、草甸和森林等完整湿地生态系统的自然保护区。

衡水湖，俗称"千顷洼"，又叫"千顷洼水库"。北倚新兴的区域中枢纽城市衡水市，南靠"天下第一州"冀州，一湖连两城，享有"东亚地区蓝宝石""京津冀最美湿地""京南第一湖"等美誉。

从地质时期的第四纪全新世以来，衡水湖经历了3个大的演变发展阶段，即早全新世温凉稍湿的湖泊形成阶段，中全新世温暖湿润的扩展阶段及晚全新世温凉偏干的收缩阶段。

从环境演变来看，衡水湖形成今日的湿地环境，具有自然性、稀有性、典型性和生态脆弱等特点。

衡水湖区有优良的地热资源，沿滏阳新河呈带状分布。其南界在南良至小候一线。地势储层分第三系孔隙类型和基岩碳酸裂隙岩溶型两大类型。

保护区属暖温带大陆季风气候区，四季分明。衡水湖湿地和鸟类自然保护区处于太行山麓平原向滨海平原过渡区，为鸟类南北迁徙的

必经之地。其独特的地理位置，孕育了丰富的物种，有着很高的生态价值和经济价值。

保护区主要保护对象是作为水禽栖息地的以湖区为主体的湿地生态系统。在衡水湖栖息的鸟类多达300多种，其中国家一级保护的鸟类有丹顶鹤、白鹤、黑鹳、东方白鹳、大鸨、金雕、白肩雕等，二级保护鸟类有大天鹅、灰鹤、白枕鹤、蓑羽鹤、角䴙䴘、斑嘴鹈鹕、黄嘴白鹭、鸮、隼、鹰、白琵鹭、鸳鸯、彩鹬等。

春、夏、秋季在湖区栖息的须浮鸥、雁、鸭、大苇莺、灰椋鸟等每种都有数万只。湖内人鸟共生，更增添了几分诗情画意。

衡水湖水源充足，水量丰沛，丰水季节，碧波粼粼，一望无际。湖内水清草茂，是淡水养殖的理想场所。周边土壤为潮土，成土母质为河流沉积物，沙、壤、黏质俱全，主要作物有小麦、玉米、棉花、大豆等，主要林木为果树、花卉等。

保护区植物有苔藓植物、蕨类植物、裸子植物等。水生植物生长优良，其中常见大型的水生植物。优势种主要为世界广布种，其次为温带种，区系植物出现明显的跨带现象，在不同的植被带内由许多相同的种类组成相似的群落，具有显著的隐域性特点。

陆生植物区系地理成分以温带为主，世界广布种、热带分布种等各种类型均有分布，也表现出其地理成分的多样性。

本区草本类型占主要地位，温带特征显著。自然保护区植物中木本植物仅有怪柳科怪柳属、杨柳科柳属、豆科洋槐属等少量种类。

保护区地带性植被属于暖温带落叶阔叶林。群落结构一般比较简单，由乔木层、灌木层、草本层组成，很少见藤本植物和附生植物，林下灌木、草本植物较多。

自然保护区动物群带有明显的古北界动物特色，东洋界成分开始向北渗透。已鉴定的各种野生动物主要包括鸟类、鱼类、哺乳类、爬行类、昆虫类、浮游动物和底栖动物等，其中鸟类较多。

由此可见，衡水湖自然保护区是华北平原鸟类保护的重要基地，是对鸟类及湿地生物多样性进行保护、科研和监测的理想场所，也是影响全国鸟类种群数量的重要地区之一。

据考证，衡水湖为浅碟形洼淀，由太行山东麓倾斜平原前缘的洼

地积水而成，属黑龙港流域冲积平原中冲蚀低地带内的天然湖泊。历史上，衡水湖是古代广阿泽的一部分，广阿泽包括任县的大陆泽和宁晋县的宁晋泊。

河北省地理研究所《关于河北平原黑龙港地区古河道图》表明，在衡水、冀州、南宫、新河、巨鹿、任县、隆尧、宁晋、辛集一带确有一个很大的古湖泊遗迹，古湖长约67千米，后来湖泊渐淤，分成现在的宁晋泊、大陆泽和衡水湖。

衡水湖在历史资料中多有记载。《汉志》中提到："信都县有洨水，称信洨。"《洪志》中指出："海子所谓河也，又称洨水，即冀州海子。"

《真定志》记载：

衡水盐河与冀州城东海子，南北连亘五十余里，旧名冀衡大洼。

清代贺涛《冀州开渠记》中说：

滏水自西南来，至州北境，折而东，横亘衡水界中。县城俯其南，并岸而西四五里，左转至冀州城东。

地淤下，广五里，狭亦不减三里，北二十余里隶于县者曰衡水洼，南十余里，隶于州者曰海子。

清代《吴汝纶日记》中也提到：

冀州北境直抵衡水，地势洼下，乃昔日葛荣陂也。

据考证，上面几处提到的"信泽""海子""滏水""冀衡大洼""衡水洼""葛荣陂"等，就是现在的衡水湖。

衡水湖在历史上曾为黄河、漳河、滹沱河故道，水灾频繁。《冀县志》中提到："方四十里，斥卤弥望，地不生毛。"

故治理开发衡水湖就成了历代州官利民成业的一件大事。隋朝的州官赵煚曾在此处修赵煚渠。637年，唐朝冀州刺史李兴利用赵煚渠引湖水灌溉农田。

清乾隆年间，直隶总督方敏恪曾将衡水湖水"建石闸三孔，宣泄得利"，使这片荒地变成沃田。知州吴汝纶鉴于1884年开渠通滏，挖成一条长约30千米、宽23米、深3米的泄水河。人们为了纪念他，称此渠为"吴公渠"。

尽管历代州县曾多次治理衡水湖，以趋利避害，造福民众，但真正科学规划、整体治理衡水湖还是在新中国成立以后。

1958年，冀县对衡水湖重新治理，在洼内筑西围堤，搞东洼蓄水灌溉，但因工程不配套，提水能力差，长期高水位蓄水致使周围土质盐渍化，故于1962年放水还耕。

1972年，冀县修建东洼水库。1974年，衡水地区又组织冀县、枣强、武邑、衡水四县重修东洼。1977年，扩建西洼，至1978年为止，

将衡水湖建成了一项能引、能蓄、能排的成套蓄水工程，习惯上称为"千顷洼水库"。

2000年，被国家林业局和省政府批准为河北省衡水湖湿地和鸟类省级自然保护区。2003年，被批准为国家级自然保护区。

衡水湖的历史源远流长。相传大禹治水时，在衡水湖处掘了一锹土，从而留下了这片大洼，历经时代变迁，最后演变成了现在的衡水湖。

衡水湖南岸的冀州曾为"九州之首"，河北简称"冀"即源于此。据考证，古黄河、古漳河、古滹沱河和滏阳河等众多河流都曾流经于此，曾经绵延百里，浩瀚无边。东汉末年，袁绍、曹操曾先后在此操练水军，至今湖区仍有众多古河道、古文化的遗迹。

知识点滴

天然动植物园——百花山

百花山国家级自然保护区位于北京市门头沟区清水镇境内,属于森林生态系统类型自然保护区,是北京市目前面积最大的高等植物和珍稀野生动物自然保护区。

百花山主峰海拔1991米,最高峰百草畔海拔2千多米,为北京市第三高峰。百花山动植物资源丰富,有4个植被类型,10个森林群落。

百花山动物种类繁多，其中有国家一级保护动物金钱豹、褐马鸡、黑鹳、金雕，国家二级保护动物斑羚、勺鸡，市级保护动物50余种。

百花山的地文资源奇特，有在全新世早期寒冷气候条件下形成的古石海、冰缘城堡、冰劈岩柱等山石资源；有典型的地质结构，标准的地质剖面，火山熔岩景观，奇特的象形石和自然灾害遗迹。

主要代表形态有"天然长城""母子石""震山石—锦簇攒天"、东梁的"驼峰"及"文殊像"等。

百花山山坡呈阶梯状，最高一级在百花山顶部三角塔台和百草畔，海拔1.8千米至2千米，宽阔平坦，保留着晚更新世或全新世早期寒冷气候条件下形成的古"石海"、冰缘"城堡"和冰辟岩柱等。

第二级在中咀、大木场一带，海拔1.4千米至1.6千米。第三级在海拔1.1千米至1.2千米地带。每级台地上都覆盖着一层厚的黄土。

百花山山体主要由于火山喷发、剥蚀形成。山势高峻挺拔，地质环境独特，风景优美。这里群山环抱，气候宜人，奇峰连绵，溪水潺潺，云遮雾障，令人心旷神怡。

百花山水资源相当丰富，条条沟壑溪水长流，自海拔0.9千米至2千米处均有清泉分布，且水质极好，无污染。百花山风景独特，气候宜人，群山环抱，奇峰连绵，溪水潺潺，奇花异草，稀禽珍兽分布其中。

百花山地处暖温带半湿润大陆性季风气候区，四季特征明显，昼夜温差大。百花山环境独特，风景优美，气候凉爽，空气新鲜，无蚊虫叮咬，无噪音干扰，是避暑休闲胜地。

百花山保护区有高等植物多种，其中菊科、禾本科、蔷薇科、豆科、毛茛科、石竹科为大科，每科有30多种植物。植物类型为破坏后待恢复的山地混合森林生态系统，是北京山地森林中林相保持较好的次生林，对涵养水源、保持水土、维持生态平衡起到了很大的作用。

森林植被垂直分异明显，海拔1千米至1.2千米之间以油松林、栎类林和油松栎类混交林为主；海拔1.2千米至1.6千米之间以山杨林、桦树

林为主；海拔1.6千米至1.9千米之间以云杉、华北落叶松林和云杉桦树针阔叶混交林为主；海拔1.9千米以上的山脊、山顶则是亚高山草甸。

红桦是北京地区稀有树种，其干之皮色鲜红和紫红，呈薄层状剥落，生长在海拔1千米以上的山坡上，常与淡绿的山杨、黄花柳混生，是北京地区少有的森林景观。

辽东栎林多分布在海拔1.25千米至1.7千米的阳坡、半阳坡，但在海拔1.5千米至1.6千米处生长最好，是百花山最稳定的一种森林类型。

百花山药用植物有200多种，如五味子、刺五加、沙参、党参、柴胡、桔梗、茜草等；野生花卉种类丰富，如太平花、八仙花、绣线菊、蓝荆子、铃兰和胭脂花等。

百花山保护区野生哺乳动物有20多种，主要有狍、青羊、狗獾、果子狸、黄鼬、狼等；爬行动物有蝮蛇、麻蜥等；鸟类种类较多，有

环颈雉、石鸡、勺鸡、岩鸽、山斑鸠等；益鸟有红隼、杜鹃、夜鹰、戴胜、伯劳、啄木鸟等。国家级保护动物有豹、勺鸡、红隼等。

在百花山的落叶松林下，常有众多的蚁冢集中分布。每逢采食和繁殖季节，成千上万只黄蚁在蚁冢周围穿行忙碌，其场景甚是奇特，成为百花山的一个奇景。

百花山以花繁著称，众多的花卉植物成就了百花山的三季花香。位于顶峰附近的亚高山草甸，生长着40余种草甸植物，5月至8月花开季节山花烂漫、姹紫嫣红、蝶去蜂来，如同花的世界、花的海洋。

在山顶峰以下的天然次生林和灌草丛落里，也分布着许多花卉植物，山桃花、山杏花、暴马丁香、映红杜鹃、山荆子等，各色鲜花满山遍野、争奇斗妍，把整个百花山的春天装扮得花团锦簇、色彩斑斓。

知识点滴

百花山，明称百花坨。据《百花山碑记》云：京城西柱百花山，乘北岳之势，延太行之脉，与大小五台，东西灵山接踵于晋冀，横跨于房宛。秀水奇峰揽育万物，奇花异草无以胜数，鸟兽云集四季不徒。崆峒之上环抱京城如箕，千山拱护雄关叠嶂。遥看日出东方如盖，浮云如海，偶有山顶烈日，云海风驰电掣，山下大雨如注之奇观。如此仙山胜迹之地，备受世人关注。

这是古人对百花山具有"秀逸、雄奇、幽深、瑰丽"的特点的真实写照。

东南自然保护区

　　我国北方地区是指东部季风区的北部，主要是秦岭到淮河一线以北，大兴安岭、乌鞘岭以东的地区，东临渤海和黄海。我国北方属于山环水绕、平原辽阔的地形特征，自然生态多种多样。

　　我国北方天然生态保护区主要有红星湿地自然保护区、仙人洞保护区和衡水湖保护区、百花山保护区、查干湖保护区及龙湾保护区。其中红星湿地国家级自然保护区是北方森林湿地生态系统的典型代表，是我国森林湿地面积较大的一处自然保护区。

水上长城——洪泽湖

　　洪泽湖自然保护区位于江苏省泗洪县东南部，是整个洪泽湖地区湿地生态系统保存最为完整的区域。

　　由原杨毛嘴湿地为中心的天然湿地生态系统、湖滨珍禽鸟类保护

区、生态森林公园、生物多样化科普区、万亩水产养殖生态示范区和万亩无公害稻蟹立体养殖示范区6大功能区组成。

洪泽湖湿地自然保护区内水域、滩涂广阔、湿地生态系统保存完好，是江苏省面积最大的淡水湿地自然保护区。

洪泽湖湿地自然保护区及周边地区地形复杂多样，湿地和平原镶嵌分布，水路交错，湖岸曲折。地貌大体可分为湖区和湖滨平原两种类型，植被以水杉、池杉、速生杨等无性系为主。

洪泽湖的水杉属杉科，形似杉而落叶。树高可达35米，树皮剥落成薄片，侧生小树对生，叶线形扁平，相互成对，冬季与小侧枝同时脱落。

球花单性，雌雄同株。雄球花对生于分枝的节上，集生于枝端，此对枝上无叶，故全形呈总状花序状。雌球花单生于小树顶上，此时小枝有叶，球果不垂。

水杉多生于山谷或山麓附近地势平缓、土层深厚、湿润或稍有积水的地方，耐寒性强，耐水湿能力强，在轻盐碱地可以生长为喜光性树种，根系发达，生长的快慢常受土壤水分的支配，在长期积水排水不良的地方生长缓慢，树干基部通常膨大和有纵棱。

水杉是一种落叶大乔木，其树干通直挺拔，枝子向侧面斜伸出

去，全树犹如一座宝塔。它的枝叶扶疏，树形秀丽，既古朴典雅，又肃穆端庄。树皮呈赤褐色，叶子形状细长，很扁，向下垂着，入秋以后便脱落。

水杉树干通直挺拔，高大秀颀，树冠呈圆锥形，姿态优美，叶色翠绿秀丽，枝叶繁茂，入秋后叶色金黄，是著名的庭院观赏树。它喜光，喜湿润，生长快，播种插条均能繁殖，是园林绿化的理想树种。

水杉可于公园、庭院、草坪、绿地中孤植、列植或群植；也可成片栽植营造风景林，并适配常绿地被植物；还可栽于建筑物前或用作行道树，效果均佳。

水杉不仅是著名的观赏树木，同时也是荒山造林的良好树种，它的适应力很强，生长极为迅速，在幼龄阶段，每年可长高一米以上。

水杉的经济价值很高，其心材紫红，材质细密轻软，是造船、建筑、桥梁、农具和家具的良材，同时还是质地优良的造纸原料。

水杉属唯一现存种，是我国特产的孑遗珍贵树种，第一批列为国家一级保护植物的稀有种类，有植物王国"活化石"之称。

洪泽湖湿地自然保护区目前保护区水域、滩涂广阔，生态系统保存完好，生物种类丰富。

其中属国家一级重点保护的动物有大鸨、白鹳、黑鹳和丹顶鹤等；国家二级重点保护的有白鹤雁、大天鹅、小天鹅、鸳鸯、灰鹤、猛禽类等。最近还发现了世界濒危鸟类震旦雅雀。

泗洪洪泽湖湿地是难得的"地球之肾"，具有很高的科学价值、生态价值、社会价值和经济价值。保护区的鸟类，不仅在国内具有重要地位，而且在国际上享有一定声誉。

保护区内植物类、鱼类、鸟类等不仅品种多、数量大，而且形成了一个独立而完整的自我供给和自我循环的立体生态链系统，是环洪泽湖地区最具保护价值的"天然物种基因库"。

洪泽湖水生动植物种类众多，保护区内绵延数十里的挺水植物群

落，构成浩瀚无边的"芦苇荡"，有浮游植物165种、浮游动物91种、高等植物81种、底栖动物76种；拥有国家二级重点保护植物野大豆、莲和野菱；珍禽品种多、数量大。

在保护区内共记录鸟类194种，其中国家一级保护鸟类4种，国家二级保护鸟类26种；保护区内有中日候鸟保护协定65种，中澳候鸟保护协定18种。保护区地处不同鸟类迁徙线交会区，每年9月下旬至翌年4月上旬，每隔5至10天就要更替一批不同的迁徙路过的候鸟群体。

洪泽农场白鹭自然保护区位于洪泽农场东北岸的徐洪河和濉河交汇处，东临徐洪河与龙集、太平两镇相邻，南濒洪泽湖与半城镇接壤，西与孙元镇毗连，北连朱湖镇，隔河与界集镇相望。

经过几年精心保护，严格管理，保护区的鸟类种群数量剧增，大

大提高了保护区的知名度。洪泽湖湿地保护区的鸟类保护，不仅在国内具有重要地位，而且在国际上享有一定声誉。

保护区是洪泽湖鱼类天然产卵场，有鱼类67种，水产资源丰富。洪泽湖内的鱼类种类组成以鲤科为主，约占全湖种类的一半以上。湖泊定居型鱼类如鲤、鲫、鳊、鲂、鲌、刀鲚、银鱼、乌鳢、鳜、黄颡鱼等，它们终生定居于洪泽湖，其种群多、数量大，成为渔业产量中的主要鱼类。索饵洄游型鱼类，有草鱼、青鱼、鲢、鳙、鳡鱼等。

保护区目前的主要景点有荷花物种科技示范园、睡莲池、鸟与荷花共生区和十里荷花观光带。

洪泽湖发育在淮河中游的冲积平原上，原是泄水不畅的洼地，后潴水成许多小湖。在我国秦汉时代，它们被称为"富陵"诸湖，其中

以洪泽湖最大，为我国五大淡水湖中的第四大淡水湖。

洪泽湖古称破釜塘，唐代开始名洪泽湖。由于洪泽湖发育在冲积平原的洼地上，故湖底浅平，岸坡低缓，湖底高出东部苏北平原，成为一个"悬湖"。

洪泽湖是淮河流域最大的湖泊型水库，其水域宛若一只振翅翱翔的天鹅，镶嵌于江淮大地，故又被人们称为"天鹅湖"。

在洪泽湖腹心略偏西的地方有一座小岛，名为"穆墩岛"，这是洪泽湖上唯一的岛屿。其以传奇的人文景观，美丽的民间传说，丰富的水产资源，旖旎的洪泽湖风光，被人们称为"湖上明珠"、洪泽湖"宝岛"。

穆墩岛是一座小岛，面积仅1000多平方千米，但它却像一颗翡翠镶嵌在白玉盘中，像一只水鸟安卧在碧波之间。登岛四眺，你可以真

正领略洪泽湖的浩瀚、粗犷和水天一色的壮丽景观。

洪泽湖湿地自然保护区湿地生态系统有沼泽湿地、河流草丛湿地和湖边水生植物湿地。保护区内淡水湿地生态系统类型如此丰富集中，不仅在我国东部地区少有，而且在全国也不多见。

穆墩岛又称"荷花仙子岛"。相传在清康熙年间，穆家后代穆文学来这里攻读，与湖中的荷花仙子相爱。

有一天，洪水泛滥，狂风大作，恍惚间穆公子来到一个仙境，身体四周簇拥着一朵朵美丽的莲花，四面是一片片蓝色纯净的湖水，穆公子被眼前的景象陶醉了。又不知过了多长时间，他醒来时发现自己躺在一张荷叶上，身体四周有众多荷花相托。

尽管湖水不停地上涨，但穆家的这块高墩在荷花的托抚下，随水上长，成为永不沉没的荷花岛。

知识点滴

天鹅故乡——鄱阳湖

　　鄱阳湖位于江西省境内，古称彭蠡。鄱阳湖是我国最大的淡水湖泊。它承纳赣江、抚河、信江、饶河、修河五大河。经调蓄后，由湖口注入我国长江，每年流入长江的水量超过黄河、淮河、海河三河水

量的总和，是一个季节性、吞吐型的湖泊。

鄱阳湖是世界自然基金会划定的全球重要生态区，是生物多样性非常丰富的世界六大湿地之一，也是我国唯一的世界生命湖泊网成员，集名山、名水、名湖于一体，其生态环境之美，为世界所罕见。

鄱阳湖生态经济区是我国南方经济最活跃的地区，位于江西省北部，包括南昌、景德镇、鹰潭三市，以及九江、新余、抚州、宜春、上饶、吉安市的部分县和鄱阳湖全部湖体在内。

鄱阳湖是我国重要的生态功能保护区，承担着调洪蓄水、调节气候、降解污染等多种生态功能。鄱阳湖又是长江的重要调蓄湖泊，年均入江水量约占长江径流量的15%。

鄱阳湖西接庐山、北望黄山、东依三清山、南靠龙虎山，是亚洲湿地面积最大、湿地物种最丰富、湿地景观最美丽、湿地文化最厚重的国家湿地公园。

鄱阳拥有湖泊1000多个，各种独具风格的湖遍布全县，到处湖光潋滟，有"我国湖城""东方威尼斯"之美誉。

鄱阳湖国家湿地公园内拥有江南最密集的"湖"、最高贵的"鸟"、最多姿的"水"、最温柔的"荻"、最诗意的"草"。

鄱阳湖国家湿地公园内分布的野生动物种类繁多，聚集了许多世界珍稀濒危物种，并保存了一定数目，是保存生物多样性的重要地方，鸟类是人们最熟悉也是最重要的组成部分。世界上98%的湿地候鸟种群皆会于此，飞时不见云和日，落时不见湖边草。

鄱阳湖是白鹤等珍稀水禽及森林鸟类的重要栖息地和越冬地。白鹤是我国一级保护动物，野外总数大约为3000只。其中90%在鄱阳湖越冬。白枕鹤为我国二级保护动物，野外大约有5000只，其中60%在鄱阳湖越冬。是举世瞩目的白鹤王国，场面非常壮观。

一到冬天白鹤与天鹅会选择到鄱阳湖越冬。天鹅喜欢群栖在湖泊

和沼泽地带，主要以水生植物为食。每年三四月间，它们大群地从南方飞向北方，在我国北部边疆省份产卵繁殖。

雌天鹅都是在每年的五月间产下二三枚卵，然后雌鹅孵卵，雄鹅守卫在身旁，一刻也不离开。一过十月份，它们就会结队南迁。在南方气候较温暖的地方越冬。

鄱阳湖是中国最大的淡水湖，每天有数以百万计的候鸟从遥远的西伯利亚来到这里过冬，其中光天鹅就有8万多只，可以说鄱阳湖就是中国的天鹅湖。

鄱阳湖由于受暖湿东南季风的影响，年降雨量平均1600多毫米，从而形成"泽国芳草碧，梅黄烟雨中"的湿润季风型气候，并成为著名的鱼米之乡。

这里的环境和气候条件均适合候鸟越冬，因此，在每年秋末冬初，从俄罗斯西伯利亚、蒙古、日本、朝鲜以及中国东北、西北等地，飞来成千上万只候鸟，直到翌年春逐渐离去。

如今，保护区内鸟类已达300多种，近百万只，其中珍禽50多种，已是世界上最大的鸟类保护区。

珍贵、濒危鸟类还有白鹳、黑鹳、大鸨等国家一级保护动物；斑嘴鹈鹕、白琵鹭、小天鹅、白额雁、黑冠鹃隼、鸢、黑翅鸢、乌雕、凤头鹰、苍鹰、雀鹰、白尾鹞、草原鹞、白头鹞、游隼、红脚隼、燕隼、灰背隼、灰鹤、白枕鹤、花田鸡、小勺鹬、小鸦鹃、蓝翅八色鸫等国家二级保护动物。

丰水季节，水天一色，浩浩荡荡，横无际涯，烟波浩渺，山苍苍、水茫茫、大姑小姑江中央；枯水季，小河渺渺，在宽阔的草洲上蜿蜒，夜来徐汉伴鸥眠，西径晨炊小泊船。秋荻片片，飞雪连天，候

鸟出没其间，是实实在在的人间仙境。

到了春夏之交，则又是芦海汪洋，气势如虹，芦荻渐多人渐少，鄱阳湖尾水如天。还有"蓝蓝的天空"，"甜甜的空气"，"散漫的牛儿"，"悠闲的牧童"。

每年春、秋、冬三季，芳草萋萋，草深过膝。一到冬季，则芦苇丛丛，芦花飞舞、候鸟翩飞、牛羊徜徉，让人流连忘返，被誉为"我国最美的草原"。

鄱阳湖烟波浩渺，气势磅礴，湿地公园内河流众多，溪水蜿蜒，农田蔓延，芦苇片片。湖光山色，景色幽静，环境优雅，空气清新，溶山水之灵气于一方，汇自然与人文为一体。

鄱阳自古"稻饭鱼羹"，是江南有名的"鱼米之乡"。地处鄱阳

湖滨，鱼是除稻之外的主食之一，长此以往，食有所择，烩有所究，于是有"春鲇、夏鲤、秋鳜、冬鳊"四季时鱼之分。

春鲇：鲇者，粘也。鲇鱼有涎遍布全身，腥滑黏腻，所以有此雅名。作为底层鱼类，喜性荤食，常栖深水污泥之中。入秋则蛰伏泥淖，春时非常活跃，进食日增，体膘时长。

夏鲤：鲤为广食性鱼类。长期以来，鲤为吉祥的象征，"鲤鱼跳龙门"，使鲤在人们眼中有着升腾的隐喻，年节婚庆，红白喜事，都喜欢以鲤鱼入席。然而，鲤鱼味道真正鲜美，唯有夏季。这种鱼仲春产卵，消耗较大。只有随着水温上升，食物增多，因为产卵而消瘦的鲤鱼，才会渐渐变得背圆体丰，肉脂明显增多，味道愈显鲜美。

秋鳜：鳜在农历三四月产卵，是嗜荤鱼类，随着它的长大，食欲也逐日增大，凭着它的阔嘴坚腭和一个特殊的胃囊，饕餮不息，吞食不已，鱼膘也逐日增厚，肉质鲜嫩，皮紧若面筋，味美如子鸡。当然，鳜鱼是四时佳鱼，而秋季食用尤为上乘。

冬鳊：鳊鱼的正名叫鲂。"鲂者，腹内有肪也。"此鱼为中水鱼群，农历四五月产卵，入秋后喜在河港深潭集群越冬，因而并没有进入冬休状态。所以有渔俚说："入冬之鲂，美如牛羊。"冬鳊，依然是其肪如凝，肉嫩味美。

鄱阳湖大孤山一头高一头低，远望似一只巨鞋浮于碧波之中，故又称"鞋山"，位于九江市湖口县以南美丽浩瀚的鄱阳湖中。

大孤山是第四纪冰川时期形成的小岛，它高出水面约90米，周长千余米。大孤山三面绝壁，耸立湖中，仅西北角一石穴可以泊舟。

山上有丰富的人文景观，大禹曾在此山岩刻石记功，唐时建有大姑庙。民间传说此山为玉女大姑在云中落下的绣鞋变化而成，因而又名大姑山。

芝山在鄱阳县城北，原名土素山。661年，山上产灵芝3株，刺史薛振上贡朝廷，谎称系灵芝山所产。从此，芝山名扬天下。

相传古时有一年轻渔郎胡春，在打鱼时忽逢狂风暴雨，正在危险之时，有一位绿衣少女手执明珠，为渔郎导航，方才转危为安。

此少女原是瑶池玉女，名叫大姑，因触犯天规，被贬于鄱阳湖，独居碧波之间，两人由爱慕结成佳偶。渔霸盛泰见大姑美貌似花，顿起歹念，于是趁机加害胡春。

当大姑见胡春被盛泰击伤，欲置之死地时，大姑即将所穿之鞋踢下，化作峭壁，将盛泰镇压于湖底。此鞋即成为山，也就是大孤山，实为"大姑山"。

知识点滴

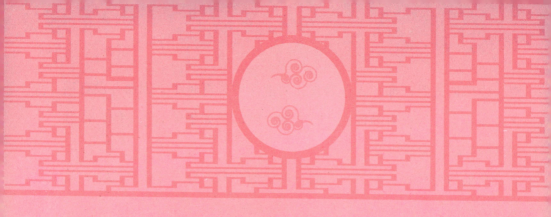

物种基因库——鹞落坪

　　鹞落坪国家级自然保护区位于安徽省西部，北与安徽省霍山县接壤，西与湖北省英山县毗邻，属大别山主峰分水岭主段，该区覆盖安徽省岳西县包家乡全境。

鹞落坪保护区主要保护大别山区典型代表性的森林生态系统、国家珍稀濒危野生动植物和作为淮河流域磨子潭和佛子岭水库的重要水源涵养林保护区。

该保护区地跨北亚热带向暖温带过渡地带，"南北过渡，襟带东西"的地理位置，古老的地质历史，复杂的生态环境，形成了独特多样的生物资源及自然景观。

鹞落坪保护区森林植被属于北亚热带落叶常绿阔叶混交林带的组成部分。保护区的植物区系属于泛北极植物区，是华中、西南、华北、东北及华南植物与华东植物区系的渗透、过渡和交会地带，植物区系复杂，植物种类繁多。

鹞落坪保护区有高等维管束植物2000余种，占安徽省总种数的三分之二。可谓大别山区一个宝贵的植物物种基因库。

鹞落坪保护区有国家首批公布重点保护的珍稀濒危野生植物，如大别山五针松、金钱松、香果树、领春木、天女花、厚朴、凹叶

厚朴、连香树、杜仲、白辛树、天目木姜子、黄山木兰、黄山花楸、紫茎、短萼黄连、八角莲、天麻、野大豆、青檀、天竺桂、榉树、巴山榉树等。还有国内少见的大面积集中分布的小叶黄杨林、多枝杜鹃林，还有呈块状分布的香果树、领春木群落。

鹞落坪保护区地质历史古老，由于受第四纪冰川影响小，因此成为许多古老植物的避难所，保存了大批古老孑遗植物及系统演化上原始或孤立的科、属。

在本区被子植物中，单型科有4个，即杜仲科、大血藤科、透骨草科和银杏科；有世界性单型属20多个，如连香树属、香果树属、杜仲属等；有世界性少型属70多个，如领春木属、华箬竹属、大百合属等。

此外，区内还分布有相当丰富的古老孑遗物，如银杏、领春木、连香树、金钱松、三尖杉、米心水青冈、杜仲、青皮木等。

这里也是一些进化中的植物繁衍的场所，形成了一批地方特有植物，如大别山五针松、多枝杜鹃、长梗胡秃子、鹞落坪半夏、大别山冬青、美丽鼠尾草等数十种植物的模式标本均采自本区。

这里还分布着安徽特有植物和我国特有植物14属，如安徽槭、安徽碎米、安徽贝母、金钱松属、杜仲属、青檀属、独花兰等。因此，鹞落坪保护区是我国不可多得的植物物种宝库。

鹞落坪保护区动物区系具有南北过渡的特点，在动物地理区划上属于东洋界，既是一些古北界种类分布的南限，同时又是不少东洋界种类分布的北限，野生动物多样性相当丰富。区内有国家重点保护的野生动物18种，即细痣疣螈、大鲵、鸢、赤腹鹰、雀鹰、红隼、勺鸡、白冠长尾雉、领角鸮、红角鸮、斑头鸺鹠、草鸮、蓝翅八色鸫、金钱豹、豺、小灵猫、水獭和原麝等。

鹞落坪景区的主要景点有多枝尖、红枫谷、七色山、金钱松林、

大别山五针松模式标本、小溪岭楚长城、宣教馆、科技馆、高敬亭故居等自然和人文景观。

　　鹞落坪国家级自然保护区位于大别山主峰分水岭主段。相传大别山原是一片汪洋，根本没有山，孙悟空大闹天宫，将玉皇大帝凌霄宝殿的神鳌一棒打下天宫。

　　当时玉皇大帝命太白金星赴东海请龙王商议降妖之事。太上老君行进途中，见玉帝的神鳌在汪洋中游动，想捉起带回，哪知神鳌不想回天宫，化作千里山脉，填满了汪洋大海。

　　太上老君搬不动它，只好作罢。玉帝降妖之后，太上老君禀报神鳌之事，玉帝与诸仙至南天门观看。只见巨鳌头朝南，尾向北岿然不动，玉帝说："它既然在人间成山，不愿在天成仙，就让它去吧。"

　　该山因是神鳌所在，故称之为大鳌山。后来人们认为大鳌山名称不雅，故改为大别山。

生物博物馆——滨州贝壳堤岛

滨州贝壳堤岛与湿地国家级自然保护区位于山东省无棣县城北，渤海西南岸，西至漳卫新河，东至套儿河。本区地势低平，发育了山东省最宽广的滨海湿地带。

在地貌上，自南向北可分为第一贝壳堤岛及潮上沼泽湿地带、第

二贝壳堤岛以及潮间滩涂和潮下湿地带。

贝壳堤岛全长76千米，贝壳总储量达3.6亿吨，为世界三大贝壳堤岛之一，是一处国内独有、世界罕见的贝壳滩脊海岸，是目前世界上保存最完整，且是唯一新老堤并存的贝壳堤岛。同时也是东北亚内陆和环西太平洋鸟类迁徙的中转站和越冬、栖息、繁衍地。

贝壳堤是由海生贝壳及其碎片和细砂、粉砂、泥炭、淤泥质黏土薄层组成的，与海岸大致平行或交角很小的堤状地貌堆积体。

贝壳堤形成于高潮线附近，为古海岸在地貌上的可靠标志。粉砂淤泥质海岸带，是在波浪的作用下，将淘洗后的生物介壳冲向岸边形成的堆积体。

波浪的冲刷，使海滩坡度增大，底质粗化，底部的贝壳类介壳被海水冲到岸边，堆积在高潮线附近，经长期作用便形成贝壳堤。

当海岸带泥沙来源充分，海滩泥沙堆积作用旺盛时，贝壳堤停止

发育。多次的冲淤变化便留下多条贝壳堤，可以作为古海岸线迁移的标志。

贝壳滩脊海岸的形成需具备3个条件，即粉砂淤泥岸、相对海水侵蚀背景和丰富的贝壳物源。历史上，黄河以"善淤、善决、善徙"著称，黄河携带大量细粒黄土物质，长时期、周而复始地在渤海湾西岸、南岸迁徙，在此塑造了世界上规模最大的淤泥质海岸。

当黄河改道，河口迁徙到别处，随着入海泥沙量的减少，海岸不再淤积增长，海水变得清澈，种类繁多的海洋软体动物得以繁衍生息，提供了充足的贝壳物源。

最重要的是由于海浪潮汐运动，以侵蚀为主，将贝壳搬移到海岸堆积，随着贝壳的逐年加积，也就形成了独特的贝壳滩脊海岸。

一旦黄河改道回迁，贝壳堤即因海水较淡而混浊的淤泥岸不利于贝壳生长而终止。

在贝壳堤外，泥沙淤积成陆，海岸线又向前伸，贝壳堤则远离海岸，或遗弃于陆上，或没于地下。因此，由于黄河来回迁徙，海岸线走走停停，淤泥与贝壳堤交互更替，在渤海湾西岸、南岸形成了多条平行于海岸线的贝壳堤。

古贝壳堤上沙层疏松，有利于雨水蓄积，在古贝壳堤上挖一个坑，甘甜的水就会源源不断地渗出来，淘也淘不尽。这道贝壳堤不仅

替渔村挡住了大潮，而且也是渔民的天然航标。在遥远的海里，渔民远远地看到这条绿堤，就如同看到了温暖的家园。

贝壳堤岛保护区内分布着两列古贝壳堤。第一列在保护区南端，第二列在保护区北部，由40余个贝壳岛组成，属裸露开敞型。

在目前世界上发现的三大古贝壳堤中，无棣贝壳堤不仅纯度最高、规模最大，也是保存最完整且唯一新老堤并存的贝壳堤岛。无论是深埋地下的，还是裸露于地表的，贝壳质含量几乎达到百分之百。

两列贝壳堤岛之间的湿地和向海的潮间湿地与潮下湿地组成了世界罕见的贝壳堤岛与湿地系统。

贝壳堤内外的滨海湿地生物多样性丰富，它是东北亚内陆和环西太平洋鸟类迁徙的中转站和越冬、栖息、繁衍地。

这些生物也是研究黄河变迁、海岸线变化、贝壳堤岛的形成等环境演变以及湿地类型的重要基地，在我国海洋地质、生物多样性和湿地类型研究中占有极其重要的地位。

保护区内发现的野生珍稀动物种类较多，是一个典型的"天然生物博物馆"。保护区内有文蛤、四角蛤、扁玉螺等贝类和鱼、虾、蟹、海豹等海洋生物；有落叶盐生灌丛、盐生草甸、浅水沼泽湿地植被等各种植物，其中有酸枣、麻黄、黄芪、五加皮等特产中药材多种。

湿地里有豹猫、狐狸等野生哺乳动物，有东方铃蛙、黑眉锦蛇等两栖爬行动物，有包括国家一级保护动物大鸨、白头鹤，国家二级保护动物大天鹅等在内的鸟类。

保护区内自然风光优美，有大口河、汪子岛等40余个贝壳堤岛，"汪子岛"是最大的一座贝壳岛，也是滨州境内唯一能观大海全貌的地方，有"海上仙境"之称。

汪子岛又名望子岛，这个名字的得来据说与秦始皇有关。

相传，秦始皇派徐福东渡求取长生不老的仙药，徐福招募了千名童男童女，沿古鬲津河经汪子岛登官船起程。

由于当时的海运条件有限，徐福等迟迟不见归来。众童男童女的亲人便聚在岛上，天天翘首东望，盼望着孩子们早早归来，于是，这个岛就此得名望子岛。

历经岁月的涤荡，这座小岛几度兴衰，成为渔民躲避海潮、寄存货物的渔家海堡。由于该岛四周水天相连，汪洋无边，水洼成片，芦苇连天，周围的百姓就渐渐叫它汪子堡、汪子岛了。

知识点滴

海上森林——东寨港

　　东寨港又名东争港，古称东斋港。东寨港保护区位于海南省东北部，即琼山县的三江、演丰、演海和文昌县的铺前、罗豆的交界处，在琼山县境内。

　　东寨港主要保护对象有沿海红树林生态系统，以水禽为代表的珍

稀濒危物种及区内生物多样性。

东寨港是由于在1605年的一次大地震中，地层下陷形成的，海岸线曲折多弯，海湾开阔，形状似漏斗，滩面缓平，微呈阶梯状，有许多曲折迂回的潮水沟分布其间。涨潮时沟内充满水流，滩面被淹没；退潮时，滩面裸露，形成分割破碎的沼泽滩面。

东寨港雨季多台风，带来狂风暴雨，地面严重冲刷，大量细粒、有机质碎屑被带入湾内，堆积盛行，浅滩广布，日益淤泥沼泽化，水浅风稳、浪静，为红树林生长、繁衍创造了良好的条件。

区内以被誉为"海上森林公园"的红树林、世界地质奇观"海底村庄"、世界稀有鸟类及丰富海鲜水产而著称。区内野菠萝岛环境幽美，岛上形态奇特的野菠萝林遮天蔽日，蔚为壮观。

东寨港有"一港四河、四河满绿"之说。其东有演州河，南有三江河，西有演丰东河、西河，4条河流汇入东寨港后流入大海。这些河流注入东寨港。暴雨季节，河水挟带大量泥沙，在港内沉积，形成广

阔的滩涂沼泽。

　　红树种子凭借"胎生"的独特繁殖方式，随波逐流地在水上漂泊，一遇到海滩就扎根生长发育，蔚然成林。

　　海南的红树林以琼山、文昌为最，其中琼山区的东寨港红树林是热带滨海泥滩上特有的常绿植物群落，由于其大部分树种都属于红树科，所以生态学上将其称为红树林。

　　东寨港红树林保护区绵延50多千米，总面积达4000公顷，成千上万棵红树，根交错着根，枝攀缓着枝，叶覆盖着叶，摆出了扑朔迷离的阵式来。

　　东寨港红树林千姿百态，风光旖旎。从海岸上举目远望，只见广袤无垠的绿海中，显露出一顶顶青翠的树冠。

　　这些红树林长得枝繁叶貌，高低有致，色彩层次分明。每棵树头的四周都长着数十条扭曲的气根，达一米方圆，交叉着插入淤泥之中，形似鸡笼，当地人叫它"鸡笼罩"。

红树的气根，其状令人惊叹！有的如龙头猴首，活灵活现；有的像神话中的仙翁，老态龙钟，颇具诗情画意。

尤其是大海涨潮时分，茂密的红树林被潮水淹没，四周全是一丛丛形态奇特而秀丽的绿树冠，中间是一长条迂回曲折的林间水道。只露出翠绿的树冠随波荡漾，成为壮观的"海上森林"。

涌动的海潮推着船儿沿水道悠然荡漾，忽左忽右，游人只见蓝海水和绿树冠，感觉到神奇的魅力像红树丛中的雾一样团团涌过来，弥漫海面。

保护区主要的红树植物有16科，即红树科的红海榄、海莲、木榄、尖瓣海莲、秋茄、角果木，马鞭草科的白骨壤，紫金牛科的桐花树，大戟科的海漆，使君子科的榄李，棕榈科的水椰，梧桐科的银叶树，卤蕨科的卤蕨、尖叶卤蕨，玉蕊科的玉蕊，夹竹桃科的海芒果，锦葵科的黄桂等。

由于生长在海湾、河口，长期受到海水的浸泡和台风的袭击，这些林木形成了自己特有的生存方式及繁殖能力，生长良好的红树林四季常绿。

红树林靠着树干基部纵横交错而发达的支柱根、呼吸根和气生根，扎根海滩。抗击狂风巨浪，并满足自身空气的需要；又厚又硬的叶片能减少水分蒸发，叶片上有许多排盐腺，以排除海水中的盐分。

红树林的繁殖很独特，当果实成熟，种子就在果实内发芽长出幼苗，一起落在海滩淤泥中，几小时后便可生根，这种繁殖方式，在植物中很少见，人们称它是"胎生树"。

秋茄是红树林的一种，萌发力强，每株秋茄的根形状都不同，任何能工巧匠都难以雕出如此众多奇妙的形态，有的如龙头，有的如猴首，更多的像童话的老仙翁，老态龙钟，很有诗情画意。

红树林是海上的一道屏障，挡风固堤，保卫着沿海的农田和村舍，被誉为"海岸卫士"，同时，它们的根能积沙淤泥，开拓新的滩

涂，又被称为"造陆先锋"。

东寨港红树林保护区内还有一处野菠萝岛，岛上环境幽美，岛的一半是人工种植的像茶树一样的红树林。生机盎然，一望无际，甚至区分不清哪里是岛，哪里是海。

岛的另一半就是野菠萝密林，阴森森黑黢黢。野菠萝树的气息根长出土壤外两米高，根和枝干相连，盘根错节，奇形怪状。

野菠萝树学名叫露兜树，为露兜科热带小乔木，属红树族谱，是一种野生固沙植物。它的果实像菠萝，但却坚硬无比，几乎无法食用，因此当地人把它们称为野菠萝，岛因树而得其名。

红树林还是动物的乐园，常见鸟类有白鹭、灰鹳、鹧鸪、钓鱼翁、伯劳、斑鸠、杜鹃、翠毛鸟、水鸭、鹬等，爬行类有多种蛇，两栖类有青蛙等，水中动物有鱼、虾、蟹、贝等。

东寨港保护区内共有鸟类多种，其中珍稀濒危、属国家二级保护的鸟类有褐翅鸦鹃、小鸦鹃、黄嘴白鹭、黑脸琵鹭、白琵鹭、黑嘴鸥等。

有海南巨松鼠、海南水獭、犬蝠等兽类动物等，其中海南水獭为国家二级保护动物。两栖动物主要有斑腿树蛙、变色树蜥和泽蛙等；爬行动物以蛇类为主，主要有金环蛇、眼镜蛇、蟒等。

区内的鱼类大多具有较高经济价值，如鳗鲡、石斑鱼、鲈鲷鱼等；大型底栖动物主要有沙蚕、泥蚶、牡蛎、蛤、螺、对虾、螃蟹等，具有较高的经济价值。

东寨港历史上先后记录有近90种候鸟。鹭类、行鸟鹬类等候鸟，一直是这里的"常客"。2002年，这里惊喜地迎来了一大群新"客人"，数万只丝光椋鸟结伴飞来，为东寨港上空增添了一道新的风景。

1992年，为了保护以红树林为主的北热带边缘河口港湾，以及海岸滩涂生态系统及越冬鸟类栖息地，东寨港成为我国第一批被列入《关于特别是作为水禽栖息地的国际重要湿地公约》名录的七大湿地之一，及时被保护起来。

知识点滴

红树林是热带滨海泥滩上特有的常绿植物群落，红树种具有特异的"胎生"繁殖现象，种子在母树上的果实内萌芽长成小苗后，同果实一起从树上掉下来，插入泥滩只要两三个钟头，就可以成长为新株。

如果是落在海水里，则随波逐流，数月不死，逢泥便生根。红树林在我国自然分布于海南、广东、福建等省区，是热带海岸的重要生态环境，能防浪护岸，又是鱼虾繁衍栖息的理想场所。

中部自然保护区

　　我国中部以平原丘陵为主,气候温暖适宜,适合多种动植物资源的生长。天然生态景区主要有神农架自然保护区、南阳恐龙蛋化石群保护区、董寨国家级自然保护区、牛背梁保护区、周至自然保护区和长青自然保护区等处。其中南阳恐龙蛋化石群的发现被誉为"世界第九大奇迹"。

绿色宝库——神农架

　　相传，在人类处于茹毛饮血的远古时代，瘟疫流行，饥饿折磨着人类，普天之下哀声不断。为了让天下百姓摆脱灾难的纠缠，炎帝神农氏来到湖北西北艰险的高山密林之中，遍尝百草，选种播田，采药

治病。但神农氏神通再大，却也无法攀登悬崖峭壁，于是，他搭起了36架天梯，登上了峭壁林立的地方。从此，这个地方就叫神农架。后来，搭架的地方长出了一片茂密的原始森林。

神农架位于湖北省西部边陲，东与湖北省保康县接壤，西与重庆市巫山县毗邻，南依兴山、巴东而濒三峡，北倚房县、竹山且近武当，辖一个国家级森林及野生动物类型自然保护区和一个国家湿地公园。神农架是我国唯一以"林区"命名的行政区。

远古时期，神农架林区还是一片汪洋大海，经燕山和喜马拉雅造山运动逐渐提升成为多级陆地，并形成了神农架群和马槽园群等具有鲜明地方特色的地层。

神农架位于我国地势第二阶梯的东部边缘，由大巴山脉东延的余脉组成中高山地貌，区内山体高大，由西南向东北逐渐降低。

神农架山峰多在1.5千米以上，其中海拔3千米以上的山峰有6座，最高峰神农顶成为华中第一峰，神农架因此有"华中屋脊"之称。

神农架是长江和汉水的分水岭，境内有香溪河、沿渡河、南河和堵河4个水系。

由于该地区位于中纬度北亚热带季风区，气温偏凉而且多雨。由于一年四季受到湿热的东南季风和干冷的大陆高压的交替影响，以及高山森林对热量、降水的调节，形成夏无酷热、冬无严寒的宜人气候。

当南方城市夏季普遍是高温时，神农架却是一片清凉世界。

神农架地处中纬度北亚热带季风区，受大气环流控制，气温偏凉且多雨，并随海拔的升高形成低山、中山、亚高山三个气候带。

年降水量也由低到高依次分布，故立体气候十分明显，"山脚盛夏山顶春，山麓艳秋山顶冰，赤橙黄绿看不够，春夏秋冬最难分"是林区气候的真实写照。

神农架境内森林覆盖率80%以上，这里保留了珙桐、鹅掌楸、连香等大量珍贵古老孑遗植物。神农架成为世界同纬度地区的一块绿色宝地，对于森林生态学研究具有全球性意义。

独特的地理环境和立体小气候，使神农架成为我国南北植物种类的过渡区域和众多动物繁衍生息的交叉地带。神农架植物丰富，主要有菌类、地衣类、蕨类、裸子植物和被子植物等；各类动物主要包括兽类、鸟类、两栖类、爬行类及鱼类等。

神农架拥有当今世界中纬度地区唯一保持完好的亚热带森林生态系统。

动植物区系成分丰富多彩，古老、特有而且珍稀。苍劲挺拔的冷杉、古朴郁香的岩柏、雍容华贵的桫椤、风度翩翩的珙桐、独占一方的铁坚杉，枝繁叶茂，遮天蔽日。

在神农架，生长着一种十分珍贵的药材，名叫头顶一颗珠，属国家重点保护的种类。头顶一颗珠还别称延龄草，属百合科，多年生草本植物。匍匐茎圆柱形，下面生有多数须根。茎单一，叶三片，轮生于顶端，菱状卵形，先端锐尖。夏季，自叶轮中抽生一短柄，顶生

一朵小黄花。到了秋季，小黄花便结出一粒豌豆大小的深红色球形果实，这就是有名的"头顶一颗珠"。

此珠人们通常称为"天珠"，地下生长的坨坨又称"地珠"。所以，延龄草实际上是首尾都成珠，只是"天珠"在成熟后自然掉落，人们不容易找到，只能挖到"地珠"，地珠的药性与天珠一样。

采药人很难得到天珠，因为天珠不仅甜美可口，营养丰富，而且是鸟雀的美食。"头顶一颗珠"具有活血、镇痛、止血、消肿、除风湿等功能，是治疗头晕、头痛、神经衰弱、高血压、脑震荡后遗症等疾病的珍贵中药材。

神农架自然保护区动物资源十分丰富，有各类动物1000多种。其中不乏受国家保护的珍贵稀有品种，如金丝猴、毛冠鹿、苏门羚、金钱豹、小灵猫、神农鼩鼠等。神农架还有一些奇异的动物，如"野人""白化动物""驴头狼""红色动物""水怪"等，更为神农架蒙上了一层神秘的色彩。

神农架白化动物有白雕、白獐、白猴、白麂、白松鼠、白蛇、白乌鸦、白龟和白熊等。

神农白熊，毛色纯白，性情温驯，头部很大，两耳竖立，一条小尾巴总是夹着，貌似大熊猫，只是嘴部比较突出。它生长在海拔1.5千米以上的原始森林和箭竹林中，以野果、竹笋、嫩叶为主要食物。

神农白熊喜欢与人嬉闹，甚至主动爬到人们的怀里闭目养神。它的嗅觉灵敏，善于寻找食物，饱食后常手舞足蹈。神农白熊已被定为国家一级保护动物。

白獐和白麂在古代就被人们视为国宝或神物。獐、麂同属哺乳纲偶蹄目鹿科的野生动物，古时统称为鹿。一般的獐、麂毛色呈黄褐色或黑褐色，而白獐和白麂通体毛色纯白，眼珠和皮呈粉红色。

神农架一个叫作阴峪河的地方，很少有阳光透射，适宜白金丝猴、白熊、白麂等动物栖息。这么多动物返祖变白，仅仅用气候原因是解释不了的，因而也成了科学上的待解之谜。

1986年，当地农民在深水潭中发现3只巨型水怪，皮肤呈灰白色，头部像大蟾蜍，两只圆眼比饭碗还大，嘴巴张开时有一米多长，两前肢有五趾。浮出水面时嘴里还喷出几丈高的水柱。

与水怪传闻相似的还有关于棺材兽、独角兽的传闻。据说，棺材兽最早在神农架东南坡被发现，是一种长方形怪兽，头大、颈短，全身麻灰色毛。

据说独角兽的体态像大型苏门羚羊，后腿略长，前额正中生着一只黑色的弯角，似牛角，从前额弯向后脑，呈半圆弧弓形。

另外，还有驴头狼，全身灰毛，头部跟毛驴一样，身子又似大灰狼，好像是一头大灰狼被截去狼头换上了驴头，身躯比狼大得多。

神农架有许多神奇的地质奇观，在红花乡境内有一条潮水河，河水一日三涌，早中晚各涨潮一次，每次持续半小时。涨潮时，水色因季节而不同；干旱之季，水色混浊，梅雨之季，水色碧青。

宋洛乡里有一处冰洞，只要洞外自然温度在28摄氏度以上时，洞内就开始结冰，山缝里的水沿洞壁渗出形成晶莹的冰帘，向下延伸可达10余米，滴在洞底的水则结成冰柱，形态多样，顶端一般呈蘑菇状，而且为空心。进入深秋时节，冰就开始融化，到了冬季，洞内温度就要高于洞外温度。

神农架山峰瑰丽，清泉甘洌，风景绝妙。神农顶雄踞"华中第一峰"，风景垭名跻"神农第一景"；红坪峡谷、关门河峡谷、夹道河峡谷、野马河峡谷雄伟壮观；阴峪河、沿渡河、香溪河、大九湖风光绮丽；万燕栖息的燕子洞、时冷时热的冷热洞、盛夏冰封的冰洞、一天三潮的潮水洞、雷响出鱼的钱鱼洞令人叫绝；流泉飞瀑、云海佛光皆为大观。

神农架成矿条件优越，有较丰富的矿藏，已探明的矿种有磷矿、铁矿、镁矿、铅锌矿、硅矿、铜矿等15种。

神农架是一个原始神秘的地方，独特的地理环境和区域气候，造就了神农架众多的自然之谜。神农架是发现"野人"次数最多的地方。

自20世纪初以来，神农架周围有400多人在不同地方不同程度地看到100多个"野人"活体，他们发现了大量"野人"的脚印、毛发和粪便，有的甚至发现野人身材高大魁梧，面目似人又似猴，全身棕红或灰色毛发，习惯两条腿走路，动作敏捷，行为机警，有的还会发出各种叫声。

知识点滴

生物资源库——长青

　　陕西长青国家级自然保护区位于秦岭中段南坡的汉中市洋县北部，是1995年经国务院批准建立的以保护大熊猫为主的森林和野生动物类型自然保护区，总面积3万公顷。

长青保护区位于秦岭中段南坡的洋县境内，北以陕西省太白林业局为界，东与佛坪国家级自然保护区接壤，南界和西界分别与洋县华阳、茅坪镇11个行政村的集体林相邻。

长青保护区独特的地理位置、优越的气候条件和森林生态环境，为多种动植物繁衍生息提供了良好的条件，成为丰富多样的"生物资源库"。

已知区内丰富的种子植物，列入《我国濒危保护植物》红皮书的有30多种；脊椎动物有近300种，其中兽类60多种，鸟类200多种，两栖爬行类30余种，鱼类20余种。

国家重点保护动物近40种，其中一级保护动物有大熊猫、金丝猴、羚牛、豹、朱鹮、金雕、林麝等；二级保护动物有黑熊、毛冠鹿、大鲵、血雉、红腹角雉等。

保护区处于我国南北气候的分界线和动植物区系的交会过渡地带，森林覆盖率达90%以上，其中竹林面积达2万多公顷，成为秦岭大

熊猫的"天然庇护所"。

被誉为"四大国宝"的大熊猫、羚牛、金丝猴、朱鹮等国宝级珍稀野生动物均有分布，尤其被世界生物学界誉为"活化石"的大熊猫在本区广泛分布。

本区为秦岭大熊猫的集中分布区，现有大熊猫80余只，占秦岭大熊猫总数的三公之一，保留着一个相对完整和相对稳定的大熊猫繁殖群体，是一处最有价值的大熊猫分布区。

朱鹮也是长青保护区的珍稀动物。朱鹮是一种中型涉禽，体态秀美典雅，行动端庄大方，十分美丽动人。与其他鸟类不同，它的头部只有脸颊是裸露的，呈朱红色，虹膜为橙红色，黑色的嘴细长而向下弯曲，后枕部还长着由几十根粗长的羽毛组成的柳叶形羽冠，披散在脖颈之上。腿不算太长，胫的下部裸露，颜色也是朱红色。一身羽毛洁白如雪，两个翅膀的下侧和圆形尾羽的一部分却闪耀着朱红色的光辉，显得淡雅而美丽。由于朱鹮的性格温顺，中国民间都把它看作吉祥的象征，称为"吉祥之鸟"。

朱鹮生活在温带山地森林和丘陵地带，大多邻近水稻田、河滩、池塘、溪流和沼泽等湿地环境。性情孤僻而沉静，胆怯怕人，平时成对或小群活动。

朱鹮对生境的条件要求较高，只喜欢在高大树木上栖息和筑巢，要求附近有水田、沼泽可供觅食，天敌又相对较少。晚上在大树上过夜，白天则到附近的稻田、泥地及清洁的溪流等环境中去觅食。

雌鸟一般产2至4枚淡绿色卵，经30天左右孵化。60天后，雏鸟的羽翼丰满起来，它们的羽毛比成熟朱鹮的颜色稍深，呈灰色。直到3年之后，小朱鹮才完全发育成熟，并开始生儿育女。

朱鹮是稀世珍禽，历史上朱鹮曾广泛分布于东亚地区，包括中国东部、日本、俄罗斯、朝鲜等地。

自从我国在陕西洋县发现了朱鹮后，就对朱鹮的保护和科学研究进行了大量工作，并取得显著成果。特别是饲养繁殖方面，于1989年在世界上首次人工孵化成功，自1992年以来，雏鸟已能顺利成活。

　　长青保护区大地构造位置处于南秦岭海西至印支褶皱的中部，由一系列东西向褶皱与平行展布的断裂构成的复式褶皱带，后被印支期二长花岗岩侵位、吞蚀、破坏，现存的构造格局多呈一些残缺不全、规模不等的褶皱、断裂构造。

　　主要岩石有花岗岩、花岗片麻岩等多种，是地质上称为"华阳岩基"的主体部分。保护区北高南低，呈斜面山岳地况。

　　由于地球构造运动，流水侵蚀，以及冰川、冰缘风等外营力的共同作用而形成，地质复杂，地形多变，岭梁纵横，山高谷深。

　　长青保护区河流水系位置地处长江流域，区内主要河流是酉水河、湑水河，属汉江水系一级支流的上源支流。

　　酉水河发源于保护区北界兴隆岭活人坪南坡酉水谷，由北向南汇入汉江。湑水河在区内流域面积约18平方千米，区内由地表水和地下水两部分组成，水质清纯，可直接饮用。

　　长青保护区处于北亚热带与暖温带的交错过渡地区。保护区的北边有秦岭主峰太白山天然屏障，有效地阻挡了北方寒流的入侵。南边暖湿气流沿汉江河谷直达中高山地带，形成大陆性季风气候。

季节性变化明显，全年具有雨热同季、温暖湿润、雨量充沛、气候及植被的垂直地带性明显等特点。气候随海拔升高而呈垂直变化，从下往上依次为亚热带气候、暖温带气候、温带气候和寒温带气候。

区内地形复杂，小气候差异较为明显。沿山逆上，"十里不同天，一山有四季"。依据海拔高度增高，气温骤降，降水量猛增。

因受基石、降水、温度、生物、地形等因素影响，长青保护区土壤类型以山地黄棕壤、山地棕壤、山地暗棕壤和山地草甸土等为主，土壤湿润、有机质含量高。

洋县黑米历史悠久。据《洋县志》记载，黑稻原产洋县，据传公元前140年，西汉博望侯张骞选育而成。他将其奉于武帝，帝大悦，遂列为"贡品"。自汉武帝以来，历代帝王都将洋县黑米列为"贡品"，而成为皇室贵族的珍肴美味。

《洋县志》称："黑米、香米、薏米、桂花米，乃贡米也。"把黑米列为洋县"四种优质奇米"之冠。洋县黑米、香米、寸米，又被称为"米中三珍"，可见黑米的稀奇珍贵了。

1980年考古工作者在洋县范坝村发掘春秋平王姬宜臼年间的古墓时，发现墓葬内有此米。可见，早在2600多年以前，洋县范坝村一带的先民就已种植并食用黑米了。

知识点滴

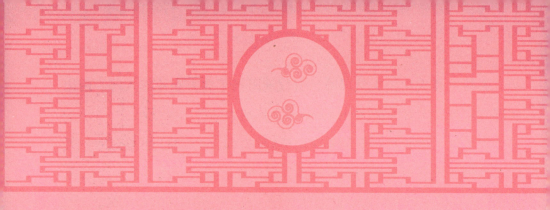

羚牛栖息地——牛背梁

　　牛背梁国家级自然保护区位于秦岭东段，陕西省长安、柞水、宁陕三县交界处，是西安市和陕南地区的重要水源涵养地，是我国唯一以保护国家一级保护动物羚牛及其栖息地为主的森林和野生动物类型

的国家级自然保护区。

本区地处秦岭中段，秦岭主脊自西向东从保护区的中部通过，最高峰牛背梁处于保护区中。区内森林茂密、植被覆盖率高、植物资源丰富、野生动物种类较多。

保护区内生物多样性丰富、植被垂直分布带谱明显，被誉为动植物种的"天然基因库"，是开展科学研究、生态环境教育、教学实习的天然课堂和实验室。

据初步调查，保护区内有兽类60种、鸟类123种、两栖动物7种、爬行类20种。有国家重点保护动物25种，其中一级保护动物有羚牛、豹、黑鹳、林麝；二级保护动物有黑熊、苏门羚、血雉、金鸡、红腹角雉、大鲵等。

羚牛是本区的保护重点，主要分布在海拔2.4千米以上的冷杉林和松林中，种群数量约100多只。秦岭是羚牛秦岭亚种模式产地，牛背梁为中心区域，是羚牛较为集中的栖息地，并有季节性的迁徙活动。目前羚牛较为集中的分布区域有西沟峡脑、石窑沟脑和转角楼一带。

羚牛不是牛，它居于牛科羊亚科，分类上近于寒带羚羊，是世界上公认的珍贵动物之一，因它体形粗壮如牛，长2.1米，约重300千克，活像一头小水牛，而头小尾短，又像羚羊，它叫声似羊，但性情粗暴又如牛，故名羚牛。它生有一对似牛的角，角从头部长出后突然翻转

向外侧伸出，然后折向后方，角尖向内，呈扭曲状，故又称扭角羚。

羚牛是一种大型牛科食草动物，头如马、角似鹿、蹄如牛、尾似驴，其体型介于牛和羊之间，但其牙齿、角、蹄子等更接近羊，可以说是超大型的野羊，活脱脱是个"四不像"。

羚牛全身毛色为淡金黄色或棕褐色，颌下和颈下长着胡须状的长垂毛。国家一级保护动物，被列入濒危野生动植物种国际贸易公约附录。生活在海拔2千米至4.5千米的竹林中，其在我国的分布地区与大熊猫相似，数量稀少，被视为"国宝"。

羚牛是一种古老的动物，《汉书》称羚牛为猫牛，具有较高观赏价值和经济价值。羚牛角也是珍贵的药材，性寒，可入药，能平肝气，清热镇惊解毒，亦可治内热、头痛、眩晕、狂躁等疾病。

还有一种保护动物黑鹳是一种体态优美，体色鲜明，活动敏捷，性情机警的大型涉禽。其鲜红色的嘴长而直，基部较粗，往先端逐渐变细，鼻孔较小，呈裂缝状。

它的腿也较长，胫以下的部分裸出，呈鲜红色。眼睛内的虹膜为褐色或黑色，周围裸出的皮肤也呈鲜红色。身上的羽毛除胸腹部为纯白色外，其余都是黑色，在不同角度的光线下，可以映出变幻多端的绿色、紫色或青铜色金属光辉，尤以头、颈部的更为明显。

黑鹳具有较高的观赏和展览价值，为国家一级重点保护动物，由于数量急剧减少，已被《濒危野生动植物种国际贸易公约》列为濒危物种，珍稀程度不亚于大熊猫。

牛背梁保护区植物资源较为丰富，有种子植物105科，433属，其中木本植物153属，草本植物280属。已发现我国特有属12个，特有植物种459种，秦岭特有种55种。

从本区各属的地理成分来看，与亚洲和北美洲的联系较欧洲甚至大洋洲和非洲更为密切，而温带成分是牛背梁保护区植物区系的主要成分，具有较强的过渡性。

北坡以华北植物区系成分为主，南坡多含华中植物区系成分，高

山地带还表现出唐古拉植物区系和横断山脉植物区系的特点，为多种植物区系成分的交会地带。

　　牛背梁自然保护区繁多的动植物种类和丰富多样的森林景观，以及天然山体、石体和水体景观资源，加上距离西安市较近，交通便利的优势，已成为"西安市的后花园"，成为人们远离喧嚣都市感受自然、休闲旅游、沐浴森林的好去处。

　　在秦岭太白山，无论是针叶林还是混交林，或是竹林丛生处，都是羚牛可以活动的场所。羚牛活动范围大，常可扩及百余公里。喜群居，冬季多为二三头的小群，夏季集成10头左右，有时多达30至50头的大群。

　　各群都有雄牛带领。春季高山仍处于冰雪封冻时，牛群迁入草木开始萌发生长的低谷，待夏季气温上升时，再迁至高山，初冬大雪时，又迁至中山过冬。

　　羚牛垂直迁徙时，上山成一条线，由牛"司令"带领，成年公牛在前，母牛在后，犊牛夹在中间，一头接一头，秩序井然地登山。下山时，则散开成扇形。

　　羚牛白天采食多种植物。地面食物缺乏时，能站起来用前肢搭在树干上采食高处的树叶。牛群休息或吃草时，常有一头公牛在高处警戒，发现敌害，就以上下唇相拨，发出"吧—吧—"声的信号，然后带头奔逃。